中国地质调查"实物地质资料管理政策及技术方法研究"项目资助

实物地质资料管理关键技术方法汇编

高鹏鑫　王瑞红　魏雪芳　史维鑫　编著

科 学 出 版 社

北 京

内 容 简 介

地质勘查、矿业开发过程中形成的各类岩心、标本、光（薄）片、样品等实物地质资料，具有重要的管理、保管与研究利用价值。本书梳理了实物地质资料汇交、保管、信息化服务等环节的政策法规与技术方法，采用图片、文字、流程图、举例说明等形式，对实物地质资料管理工作的流程、关键技术、重点环节和各项技术要求进行细致解说，解读主要文件的起草背景与主要精神，细致阐述技术要点、工作流程与方法，包括实物地质资料的主要管理思路、实物地质资料的汇交与专项采集、实物地质资料接收整理与保管、实物地质资料扫描数字化、实物地质资料著录和实物地质资料信息化建设等。

本书可作为规范实物地质资料管理、保管与服务行业的技术指导或参考用书，用于指导地质资料馆藏机构和广大地勘单位、油气公司和工矿企业等开展实物地质资料管理工作。

图书在版编目（CIP）数据

实物地质资料管理关键技术方法汇编／高鹏鑫等编著 . —北京：科学出版社，2016.6
　ISBN 978-7-03-048436-9

Ⅰ.①实…　Ⅱ.①高…　Ⅲ.①地质–技术档案–档案管理　Ⅳ.①G275.3

中国版本图书馆 CIP 数据核字（2016）第 119707 号

责任编辑：刘　超／责任校对：张凤琴
责任印制：张　倩／封面设计：无极书装

科 学 出 版 社　出版
北京东黄城根北街 16 号
邮政编码：100717
http://www.sciencep.com

中国科学院印刷厂　印刷
科学出版社发行　各地新华书店经销
*
2016 年 6 月第 一 版　开本：787×1092　1/16
2016 年 6 月第一次印刷　印张：12 1/4
字数：276 000

定价：98.00 元
（如有印装质量问题，我社负责调换）

《实物地质资料管理关键技术方法汇编》
编委会

主　编：高鹏鑫

副主编：王瑞红　魏雪芳　史维鑫

编　委：沈　迪　姚聿涛　夏浩东　孙东洵

　　　　张海兰　米胜信　朱有峰　高卿楠

　　　　易锦俊　张晨光

自　序

实物地质资料是指地质勘查、矿业开发过程中形成的各类岩心、标本、光（薄）片、样品等，在地质找矿、资源节约、国土空间开发、优化城镇布局、地质环境保护以及探索地球奥秘等方面具有广泛的利用价值。管好、用好实物地质资料是践行建设资源节约型、环境友好型社会，大力推进生态文明建设的重要举措。新中国成立以来，我国实物地质资料管理工作一直由地勘单位进行属地化管理，是一种自行保管与利用的方式。2008 年国土资源部颁布《实物地质资料管理办法》（国土资发〔2008〕8 号），标志着政府部门将实物地质资料作为一种社会公共资源进行管理。2000 年成立了国土资源实物地质资料中心（简称"实物中心"），为国家级实物地质资料馆藏机构，负责全国重要实物地质资料的筛选、采集、接收、整理、保管、数字化与服务利用工作。总体上讲，与发达国家相比，我国实物地质资料管理工作起步较晚。因此，实物中心成立 10 多年来，没有前人工作经验及现成的技术方法、标准规范可以参考，走了很多弯路。通过不断摸索、实践、总结与完善，借鉴发达国家同行的经验，目前实物中心已经形成了一套较为完整的实物地质资料管理技术方法体系。

随着实物地质资料管理工作不断推进，各省也都建设了实物地质资料馆藏机构，大多数省份已经建成或即将建成省级实物库房，35 家油气公司、海洋机构等成为国土资源部挂牌的实物地质资料保管单位，越来越多的地勘单位和矿山企业也都积极保管和利用实物地质资料，实物地质资料的社会化服务与信息共享也逐渐扩大。在这种背景下，要求实物中心作为国家级的馆藏机构，能够基于取得的科研成果和工作经验，出版一整套的实物地质资料管理、保管与数字化技术规程，指导各省级馆、油气公司、地勘单位、工矿企业按照最规范的方法管好、用好实物地质资料，促进实物地质资料更好地服务于国民经济和社会发展。

本书梳理了实物地质资料管理涉及的汇交、采集、保管、数字化、信息化等各个方面的政策法规与技术方法，采用图片、文字、流程图、举例说明等形式，对整个实物地质资料管理工作的流程、环节和各项技术要求、标准规范等进行细致解说，解读主要文件的起草背景与主要精神，细致阐述技术要点、工作流程与方法，主要包括实物地质资料的主要管理思路、实物地质资料的收集与汇聚、建档、整理、保管、数字化、馆藏建设和信息化建设等内容。

本书第一章至第三章主要由高鹏鑫编写，第四章主要由高鹏鑫、夏浩东、易锦俊、张晨光编写，第五章主要由沈迪、张海兰编写，第六章主要由王瑞红、魏雪芳、孙东泃编写，第七章主要由王瑞红、魏雪芳、高卿楠编写，第八章主要由史维鑫、王瑞红、朱有峰编写，第九章主要由王瑞红、魏雪芳、孙东泃编写，第十章主要由姚聿涛、米胜信编写。

本书可作为规范整个实物地质资料管理、保管与服务行业的技术指导或参考用书。由于我国实物地质资料管理工作起步较晚，目前，国内在该领域尚无相关研究成果出版，本书的出版属于填补行业空白，具有重要意义，但由于作者认识的局限，本书中也会有错误或遗漏之处，因此，也欢迎广大读者发现后及时向我们反馈，我们将进一步改进和完善技术方法，并对本书做出修改。

作　者

2016 年 3 月

目　　录

第一章　绪　　论

一、实物地质资料的重要保管意义和利用价值

1. 实物地质资料独特的属性特征

实物地质资料（简称实物资料）包括岩心、标本、光（薄）片、副样等。实物资料是地质资料的重要组成部分，是国家和社会花费巨大投入取得的宝贵信息资源。与成果、原始地质资料相比，既有许多共同属性，又有十分鲜明的个性特征，最突出的个性特征是，实物资料是地质工作取得的最客观的成果。成果和原始资料是地质工作者通过对地质体或地质现象的观察、测试及分析研究后，得出的认识，由于受认识水平和技术方法等主观因素影响，对同一个地质体或地质现象，可能因不同的人，或不同时间，或采用不同的技术手段与评价标准，而得出不同的认识，而岩心、标本等实物是地质体的一部分，它的自身特征和赋存的地质信息不会因人的主观因素而改变，能够最真实地代表地质现象、最客观地反映地质工作成果。另外，与成果和原始地质资料相比，实物资料的体积、重量大，且不可复制，其汇交、保管成本高，每年我国仅在矿产勘查领域，就会产生几百万米，甚至上千万米的岩心，如果将这些岩心全部汇交到馆藏机构集中保管，势必耗费大量的人力、财力、物力，给汇交单位和馆藏机构带来沉重的负担。因此，与成果和原始资料适合集中保管和服务不同，实物资料应采取"分类筛选、分级管理、分散保管、强化服务"的管理原则，实现"统一管理、分散保管，网络查询、信息共享"的管理服务模式。

实物资料是地质工作取得的实物档案，查看实物资料，是检查地质工作程度，验证地质工作取得的认识，评价项目进展的重要手段。虽然，实物特征和所赋存的地质信息不因人的主观因素而改变，但会因人的观察条件、测试分析技术、研究手段的不同，取得的认识有所差异。因此，伴随地质理论与测试技术方法的提高或评价标准的改变，可以对实物资料进行多次开发利用，取得新的认识，从而提高勘查效率和科研水平，甚至取得突破性进展。因此实物资料，特别是那些具有代表性、典型性以及珍贵、稀缺的实物资料，具有重要的保管意义和重复利用价值，充分开发利用这种资源，可以避免重复工作、降低投资风险、促进地质找矿和经济社会的持续发展。

2. 发达国家高度重视实物资料管理服务工作

鉴于实物资料的重要价值，美国、加拿大、澳大利亚等发达国家高度重视实物资料管理服务工作，建设了多种类型的岩心标本库，形成了比较完善的管理体系和制度，重要实物得到了有效保管和广泛利用，取得了显著的经济和社会效益。例如，美国地质调查局岩心研究中心每年接待 2000 多名来自世界各地的科学家，30 多年来为数万人提供了服务，包括为许多高等院校提供教学、科研服务。据该中心评估，用于岩心样品的保管服务成本

仅为原始钻探成本的 0.05% ~ 0.5%。

（1）美国

美国对资源管理采取分权制，国家与州级政府分别负责权限范围内的矿业权管理。因此，其实物地质资料管理也采取分权管理，联邦政府和省级政府分别设立实物地质资料管理机构；为了便于管理和服务，美国政府在全国实物地质资料的选取、入库、管理与维护、目录信息发布等方面制定了统一标准、统一规定。2005 年的美国《能源政策法案》中通过一项地质资料保存计划——"国家地质与地球物理数据保存计划"（National Geological and Geophysical Data Preservation Program，NGGDPP），并划拨专门预算用于该项计划中的各项工作，同时规定该项计划由内政部授权美国地质调查局具体执行。

NGGDPP 的实施目的是建立全国统一的数据存储系统，具体措施是升级部分地质资料库，建立地球科学数据库和建立档案资料国家数字目录。根据 NGGDPP 法案，美国地质调查局将代内政部管理 NGGDPP。国际合作地质绘图计划–联邦咨询委员会（NCGMP-FAC）建议美国地质调查局计划和执行 NGGDPP，最后，NCGMP-FAC 会根据需要建立各种工作小组提供专家建议。

该项计划的实施，为全美多家机构 150 多年以来收集的相关地质与地球物理数据资料，特别是需要占用大量人力、物力的实物地质资料的管理和服务提供了可靠的保障。该计划不仅对实物地质资料的保存提出具体要求，还要求实物与其他相关地质资料实现统筹。

丹佛岩心研究中心（Core Research Center in Denver，CRC）是目前美国最大和访问量最多的公益性实物库之一，位于科罗拉多州丹佛地区西南方向的莱克伍德市联邦中心 810 号楼，隶属于美国地质调查局，成立于 1974 年，职能是保存和保护有价值的岩心、岩屑等实物资料。它拥有永久保存岩心的仓储设施和对岩心进行检查测试的设备，保管着多种实物地质资料，包括岩心、岩心切片、岩屑、薄片及相关岩心图像和分析报告等，能够为来自政府、工业界和学术界的科学家和教育工作者提供便捷的服务利用。

CRC 收藏了来自石油勘查和开发井以及一些专门钻探的约 170 万英尺①岩心，主要来自落基山地区（Rocky Mountain Region）。这些岩心取自 35 个州，大部分来自私有油气钻探公司，也有一些来自矿产勘探行业，共 95% 来自于这些公司的捐赠；另有少量（约 5%）岩心来源于美国地质调查局和其他非营利机构开展的专门科学钻探工作。

丹佛岩心库采用类似于图书馆的保管和管理形式，像图书按书目编码一样将岩心归置于岩心货架上，大约有 40 000 个档案盒，装有超过 400 000 英尺的岩心，这些岩心来自于 4500 口钻井。通过在线服务，用户可以实现目录检索、资料查询下载、地质图件下载和实物资料服务索取等多项需求。其目录检索功能强大、方式多样，用户可以得到几乎所有由 CRC 管理的地质资料。

CRC 的服务管理制度是为了管理和服务需要而自行制定的，它对本机构和用户的职责进行了划分，大大提高了服务效率；还对用户查询取样、样品归还、资料归档、藏品捐赠入库等进行了详细规定，对库藏实物的可持续利用和资料共享提供了保障。

---

① 1 英尺 = 0.3048 米。

（2）加拿大

加拿大萨斯喀彻温省（简称萨省）是北美地区较早建立岩心库并向社会提供服务的地区之一，经过多年的发展和改进，萨省在实物地质资料管理和服务方面已经形成了一套完善的体系。在实物地质资料管理机构设置、服务内容、服务产品开发、网站建设和信息化服务等方面具有一定的特色。

萨省的政策法规并没有规定钻孔必须取心，是否取心由矿业公司和油气公司等自行决定。但是只要从石油天然气井和钾盐井中钻取了岩心，按照惯常规定，这些岩心就必须向负责管理岩心的实验室汇交。如果公司需要在取心井进行取样，需要征得萨省能源部的同意。岩心由矿业公司和油气公司按照实验室的统一要求进行整理和运输，入库前由工作人员负责检查验收和著录建档；同时，还需要向资料室提交相关地质资料。

萨省规定一个采矿（油、气）区块内最深的竖直井必须采集岩屑；由于岩屑是水平钻井可获取的唯一地质信息，因此每一段水平井都必须采集岩屑。同岩心一样，岩屑也由矿业公司和油气公司按照实验室的统一要求进行整理和提交，入库前由工作人员负责检查验收和著录建档；同时，还需要向资料室提交相关地质资料。

该省的地质资料主要由地下地质研究所来管理，该研究所是一个科研机构，实物地质资料的管理仅仅是其职能之一，而科学研究、社会服务才是其最主要的工作；该研究所的服务并未局限于到馆观测、取样等一些实物库的常规服务，它还能为矿业公司提供地质咨询，与地质院校合作科研，举办或承办一些国际性学术会议，等等。这些举措不仅仅能够吸引众多客户到馆索取服务，也使得地下地质研究所逐步提升了自身的科研水平，形成了一种互惠互利、共同发展的良性循环。

（3）澳大利亚

澳大利亚在地质资料汇交管理和提供公众服务方面处在全球领先水平，具有严格的法律规定和简明的管理体系。

联邦和各州条例规定，政府可要求矿权人汇交实物地质资料（physical data），包括岩矿心（岩屑）、井巷取样和标本（side wall core samples）、分析样品、提取物（plugs）、液体和气体样品等。一般是要求汇交两个单元的有代表性的实物资料，联邦和各州都建立有实物库以储存实物资料。政府规定，矿权人应在报告提交后或钻探完成后妥善保存报告期内取得的实物地质资料，至少保存1年以上，以备政府需要。澳大利亚对违反地质资料汇交或报告规定的处罚很严，法律法规规定，在规定的时间内没有汇交地质资料，或未按要求汇交地质资料，取消矿业权（执照、许可、租约）。

联邦和州都将实物地质资料（岩心、标本和样品）管理职责和馆藏机构放在了地质调查局。在实际操作中，由地质调查局（所）从汇交管理系统中查出到期未汇交的项目，向应汇交人（公司）发出催交通知，限30天内汇交。逾期不汇交，或汇交不符合政府规定，由地质调查局（所）向部长提出吊销矿权报告，部长则依法吊销矿权。

按澳大利亚宪法规定的资源管理分权制，联邦政府负责海上石油和天然气资源的勘查开发管理及北部地区的铀矿，各州政府负责各州管辖范围内的矿产资源勘查开发管理。

奥斯库普国家虚拟岩心库（Auscope National Virtual Core Library）是澳大利亚政府"国家基础设施合作研究项目"中"澳洲大陆构造和演化项目"的一部分，由非营利公司——奥斯库普有限公司承担，与澳大利亚联邦科学与工业研究组织 Commonwealth Scientific and Industrial Research Organization，CSIRO 以及各州、区地质调查单位合作实施。国家虚拟岩心库项目作为奥斯库普国家地质横断面项目的一个子项目，以逐步建立澳洲大陆地壳上部 1～2 千米范围的地球物质的新型高清影像，为世界级地学研究提供服务为目标。国家虚拟岩心库中包含经过筛选的大量国家宝贵钻孔岩心的矿物学资料和影像资料，目前，这些影像资料是基于联邦科学与工业研究组织（CSIRO）的 HyLogger™ 系统技术（岩心扫描解译系统）获取的。

HyLogger™ 系统技术是利用光谱反射系数原理对钻孔岩心、岩屑进行矿物学、矿物化学研究的一项技术手段，由澳大利亚联邦科学与工业研究组织开发。整个系统由岩心记录仪（HyLogger™）、钻屑和钻孔切片记录仪（HyChips™）、无水硅酸盐矿物记录仪（TIR-Logger）和岩心解译处理软件包（TSG-Core）组成。HyLogger™ 岩心记录仪能以 500～700 米/天的速度扫描岩心托盘，是一款先进的岩心扫描分析记录仪器。虚拟岩心库的所有信息都是基于岩心扫描分析系统获取的，虚拟岩心库建成后其服务效果直接取决于岩心扫描分析系统的功能结构，因此可以说，岩心扫描分析系统是虚拟岩心库的"基石"。HyLogger™ 系统是一套硬件和软件组成的数字化岩心扫描及解译工具，它的工作原理是利用结晶矿物化学键的分子振动所导致的光谱特征进行分析解译，即光谱反射法。该系统不仅可以区分出基本的矿物、岩性及热液蚀变，如层状硅酸盐类、闪石类、碳酸盐类、硫酸盐类及铁氧化物等，还可以得到一些其他半定量的矿物学参数，如蚀变程度、结晶度及化学反应，还可以用来分辨石英、长石、石榴石、橄榄石、辉石等光谱范围在 5000～14000 毫米的硅酸盐矿物，一般是低温蚀变含水硅酸盐矿物。本书也将 HyLogger™ 系统对岩心进行高光谱扫描的技术方法和要点进行阐述。

（4）英国

按照英国法律规定，凡是地下水开采大于 50 米和勘探找矿大于 30 米的钻井，在钻孔施工前必须通知英国地质调查局。当所有野外工作结束后，不再产生新的实物资料时，汇交人通过电话或信函方式通知地质调查局准备接收实物。有时，英国地质调查局还派人到施工现场进行取样或岩心的选取。

对于油气和海洋岩心，全部钻孔的岩心都要汇交，汇交的可以是整体，也可以是剖切样；对于其他的岩心，选取的比例基本上是 1/3，筛选工作由地质调查局专家或其他地质专家执行。

岩心等实物的获取由英国地质调查局派人自取或由石油矿业公司送达。岩心汇交所需的费用根据实际情况而定。国家规定的必须汇交的岩心、标本，其汇交费用由汇交人支付；英国地质调查局岩心库认为必须收藏的岩心，岩心库将支付一部分费用作为补贴。

不按规定汇交地质资料的公司，将被取消执照，不能参与英国地质调查局发包的地质项目的竞标。

英国地质调查局下设基沃斯和爱丁堡两个实物地质资料库。基沃斯和爱丁堡收藏有完整的岩心、破碎岩心以及岩屑等钻孔资料。基沃斯的实物库主要收藏大陆岩心，爱丁堡的吉尔莫顿岩心库收藏近海岩心。2009 年，自然环境研究委员会（NERC）决定关闭爱丁堡实物库，将所收藏的岩心转移到新拓展的基沃斯实物库。

基沃斯的实物库专门收藏陆地金属和煤的岩心和标本，收藏了约 1.5 万个钻孔约 225 公里的岩心，同时收藏英国基础地质调查产生的标本和化石，存放时间最长的是达尔文采集的化石。

在爱丁堡实物岩心库，收藏来自海洋和大陆架的岩心，收藏岩心 6000 个钻孔约 290 公里，另外收藏着 15 000 多个海底样品。

英国岩心数字化采用的综合岩心扫描仪（multi-sensor core logger，MSCL）系统，是功能齐全的岩心地球物理和化学性质综合测试集成系统，其特点是无损测量、多种测量同步、快速、准确、高效率、全自动。该系统可以获得 10 种参数的数据，包括 P 波速度、伽马密度、电阻率、磁化率、彩色分光光度计、自然伽马射线、光学照相系统、XRF 元素浓度分布、远红外温度、X 射线三维立体成像。MSCL 设备性能稳定可靠、结实耐用，既适合实验室也适合于野外。另外，根据客户不同的需求，MSCL 提供了 7 种不同的型号，每种型号具有不同的参数组合。

3. 我国实物资料利用的典型事例

我国石油部门的岩心、岩屑得到了较好的保管和利用，为油气资源勘查发挥了重要作用。大庆油田岩心库每年大约接待 2000 人次的查询访问，观察岩心约 2 万盒，取样约 6000 件，这些服务工作对计算储量、评价油气远景、规划勘探方向与布井等都发挥了重要作用；通过利用实物资料，不仅提高了勘查效果，而且每年至少节省探井 3 口，由此节约资金 1000 多万元。

固体矿产系统也不乏利用实物资料取得地质找矿突破的实例。辽宁省有色地质局 103 队，在 20 世纪 90 年代初，通过对保存的青城子矿区数十个钻孔岩矿心、副样的重新测试分析和研究评价，实现找矿重大突破，发现了高家堡子和小佟家堡子两处大型银矿，后经连续勘探，进一步拓展为超大型金银铅锌矿床，找矿成果被评为 2005 年"国土资源科技成果奖一等奖"。河北省地矿局第三地质大队，1981 年遵照原地质矿产部有关金矿普查评价的要求，重新对河北省张北县蔡家营铅锌银矿在 1959～1960 年和 1977～1979 年所做的勘查工作进行查验，并对已经掩埋的岩心进行复查和补充取样分析，证实部分矿体围岩中铅锌含量达到工业品位要求，重新圈定后，大大增加了原来零星分布的矿体长度和厚度；在此基础上，于 1982 年开始部署较大规模的勘查评价工作，至 1988 年共施工 69 个钻孔，其中 62 孔见矿，估算铅锌矿石储量为 276 万吨、伴生金 19 吨、银 1163 吨；此后又于 1988～1993 年进行了详查和补充详查，提交了详查地质报告，批准铅锌储量达 144 万吨、银 832 吨、矿区铅锌远景储量达 490 万吨，目前已开始大规模开采。江西省地矿局 912 大队，从 20 世纪 60 年代开始在江西省贵溪县冷水坑地区开展矿产勘察，经历了脉带型铅锌矿→琉璃型铅型矿→斑岩型银矿→琉璃型金硫矿及斑岩型铅锌矿→层控叠加型银铅锌矿的找矿认识过程，对矿床类型、成矿条件、分布规律的认识不断深化完善，矿床储量和规模从矿化点到超大型矿田，之所以不断取得突破，岩心样品的多次开发利用发挥了重要作用，每一次观察、测试、分析都促使找矿的一次飞跃。

二、我国实物资料管理的发展历程与最新进展

1. 我国实物资料管理的发展历程

新中国成立以后，我国开展了大规模的地质工作，产生了大量实物资料。为了规范全

国岩矿心的管理工作，原地质矿产部于1962年制定发布《岩矿心管理规定》，又于1979年和1990年进行了修改，对岩矿心的整理、保管提出了规范性要求。为了管理实物资料，各地勘单位陆续建立了岩心样品库，部分地勘单位和地质院校还建立了地质博物馆，虽然保管实物资料的设施比较简陋，管理技术方法比较落后，但大部分实物资料得到了有效保存，为地质勘查和科研发挥了重要作用。

然而自20世纪80年代以后，实物资料管理陷入严重困境，大部分地勘单位由于经费严重短缺，致使岩心库破损倒塌、管理人员退休或转岗、管理制度废弛、管理工作有名无实，大量实物资料损毁散失（图1.1和图1.2）。

图1.1 地勘单位简陋的岩心库无法满足防水防火等基本要求

图1.2 岩心杂乱堆放，很多已经损毁

在众多地质行业中，石油系统实物资料管理工作最为规范，服务效果最为显著。我国在20世纪五六十年代开始了大规模的油气勘查工作，大庆油田、胜利油田、新疆油田、吐哈油田、西北油田等各油田都建设了规模较大的岩心样品库，油气勘查取得的岩心、岩屑得到了很好的保管。几十年来，伴随我国经济体制改革不断深入，油气企业管理体制发生了很大变化，但实物资料管理工作不但没有削弱，反而随着数字化、信息化技术的发展而不断强化和完善，为提高油气勘查效率发挥了重要作用（图1.3～图1.5）。

图1.3 大庆油田岩心库全自动岩心搬运设备

图1.4 吐哈油田岩心库的立体仓储设施

图 1.5　新疆油田岩屑库整齐规范

2. 我国实物资料管理的最新进展

进入 21 世纪以后，我国实物资料管理进入了新的发展时期。第一，制定发布了一系列法规和制度，使实物资料工作有法可依、有规可循；第二，2000 年成立了国土资源实物地质资料中心，开展了国家级实物资料收集、整理、保管、利用和研究等工作，不仅使一大批重要实物资料得到了有效保护，而且开展了社会服务，为地质找矿和经济社会发展发挥了作用；第三，全国各省（区、市）陆续落实了实物资料管理职能，在原有的省地质资料馆或博物馆中，成立了实物资料管理科室，初步形成了覆盖全国的实物资料管理体系。

（1）国家高度重视，法规与制度体系不断完善

2002 年国务院颁布了《地质资料管理条例》，规定了地质资料的汇交、保管和服务等工作；2003 年国土资源部发布了《地质资料管理条例实施办法》，将实物资料纳入地质资料管理范围；2008 年，国土资源部印发了《实物地质资料管理办法》，明确了实物资料管理责任，提出了实物资料汇交、保管和利用要求。以后国土资源部又陆续印发了委托保管、汇交监管和清理等文件（表 1.1），从行政管理上，推进了实物资料管理工作向常态化、规范化发展。同时，一些省（区、市）也结合本地区实物资料管理需要，制定了相应的管理制度。

表 1.1　实物资料管理有关文件一览表

序号	名称	文号	文种
1	地质资料管理条例	国务院令第 349 号	国务院令
2	地质资料管理条例实施办法	国土资源部令第 16 号	部令
3	实物地质资料管理办法	国土资发〔2008〕8 号	部发文
4	国土资源部关于开展油气等原始和实物地质资料委托保管工作的通知	国土资发〔2009〕102 号	
5	国土资源部关于加强地质资料汇交管理的通知	国土资发〔2010〕32 号	
6	国土资源部关于印发《推进地质资料信息服务集群化产业化工作方案》的通知	国土资发〔2010〕113 号	
7	国土资源部关于印发《地质资料汇交监管平台建设工作方案》的通知	国土资发〔2011〕78 号	
8	国土资源部关于开展全国重要地质钻孔数据库建设工作的通知	国土资厅发〔2012〕88 号	

序号	名称	文号	文种
9	国土资源部办公厅关于印发《实物地质资料专项清理试点工作方案》的通知	国土资厅发〔2008〕71号	厅发文
10	国土资源部办公厅关于开展全国实物地质资料管理情况摸底调查工作的通知	国土资厅发〔2009〕60号	
11	国土资源部办公厅关于开展钻孔基本信息清查工作的通知	国土资厅发〔2011〕31号	
12	国土资源部办公厅关于委托大庆油田公司等13个单位保管油气原始和实物地质资料的通知	国土资厅发〔2011〕66号	
13	国土资源部办公厅关于印发《重要地质钻孔数据库建设试点工作方案》的通知	国土资厅发〔2012〕31号	
14	国土资源部办公厅关于深入推进地质资料信息服务集群化为找矿突破战略行动提供服务的通知	国土资厅发〔2012〕45号	
15	国土资源部办公厅关于委托广州海洋地质调查局等22家单位（第二批）保管油气等原始和实物地质资料的通知	国土资厅发〔2012〕63号	

　　国土资源部、中国地质调查局、各省（区、市）国土资源主管部门和有关领导，非常关心和支持实物资料管理工作。国土资源部原部长徐绍史提出了促进地质资料信息服务集群化产业化发展方向与目标，汪民副部长提出了实物资料管理服务工作思路和基本要求；国土资源部和中国地质调查局部署了一系列项目，组织开展实物资料收集、保管和服务利用工作，强有力地推动了实物资料管理工作向前发展（图1.6～图1.8）。

图1.6　原部长徐绍史在国际矿业大会上仔细查看实物中心提供的岩矿心

图 1.7　副部长汪民参观实物中心实物资料展厅

图 1.8　国务院参事、国土资源部原总工程师张洪涛参观实物中心大标本园

（2）初步形成了全国实物资料管理体系

按照《地质资料管理条例》及其实施办法，《实物地质资料管理办法》的有关规定，在各省（区、市）落实了实物资料行政管理和馆藏管理部门，大部分省（区、市）明确了职责任务、人员编制、经费，为实施实物资料管理提供了基本保障；在油气、海洋和放射性系统开展了原始和实物资料委托保管工作。目前，已经初步形成了实物资料"两级管理+三级保管+委托保管"的管理体系（图 1.9）。两级管理是指国土资源部和省级国土资源主管部门，分别负责全国和本行政区实物资料的管理工作；三级保管是指国土资源实物地质资料中心、省级地质资料馆藏机构、基层单位地质资料馆为实物资料三级保管单位，分别负责全国、本省（区、市）和本单位实物资料的保管和服务工作。

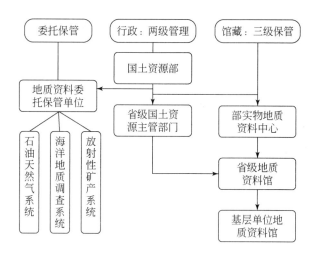

图 1.9　实物资料管理体系框架

（3）省级实物库建设稳步推进

自 2008 年国土资源部印发《实物地质资料管理办法》以来，实物地质资料管理工作取得了显著进展。一是建立了地质资料汇交监管平台，实现了成果、原始、实物三大类地质资料的统一汇交监管；二是北京、天津、上海、河北等 24 个省（区、市）落实了实物地质资料馆藏机构；三是安徽、上海、天津新建了省级实物地质资料库房，北京、辽宁等 8 个省（区、市）已经开工建设或获批建设，河北、山东、四川等 6 个省（区、市）已经建成了片区（或地市）实物地质资料库房，内蒙古、河南、湖南等其他省（区、市）正在积极申报建库（图 1.10 和图 1.11）。

图 1.10　安徽地质资料馆

图1.11　福建地质资料库（含实物库）和数据中心设计效果图

（4）实物资料汇交开始启动

国土资源实物地质资料中心依托"大调查""危矿勘查""整装勘查"等一些专项勘查项目的开展，落实了一大批珍贵实物资料的汇交工作，形成了系列实物资料成果体系，完善了国家层面的实物资料汇交管理工作，为省级实物资料汇交管理的推进提供了重要的指导、示范作用。

全国地质资料汇交监管平台部署后（图1.12和图1.13），实物资料汇交开始走向全面化、规范化和信息化，大部分省（区、市）已将实物资料汇交管理纳入地质资料汇交管理，初步实现了成果、实物资料的一体化管理。

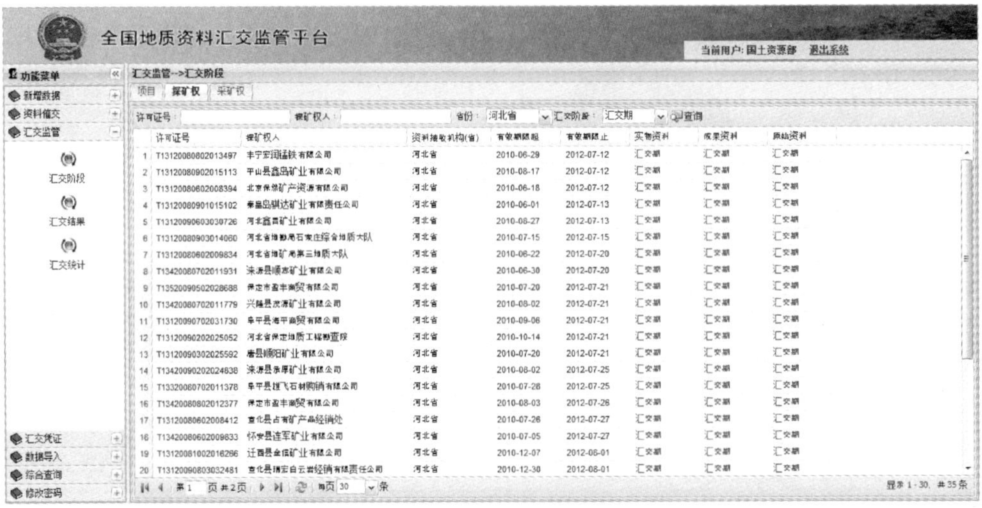

图1.12　全国地质资料汇交监管平台主页面

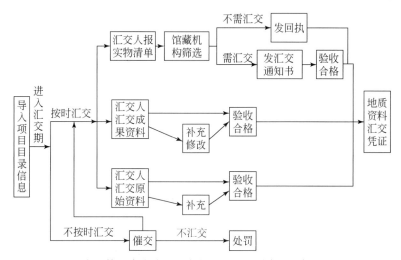

图1.13 汇交监管平台中成果、实物、原始地质资料一体化管理流程图

（5）逐步落实委托保管制度

根据《地质资料管理条例》及其实施办法的精神，国土资源部决定开展石油、天然气、煤层气、放射性矿产、海洋地质原始和实物资料委托保管工作。2009年印发了《国土资源部关于开展油气等原始和实物地质资料委托保管工作的通知》，明确受委托保管地质资料单位应具备的资质条件、享受的权利和承担的义务；2011年部署了首批全国油气地质资料委托保管资质检查工作，中石油、中石化、中海油①下属的13家单位通过本次检查，成为国土资源部地质资料委托保管单位。

为充分利用现代信息技术，做好委托保管的原始和实物资料的管理工作，并向全社会提供方便快捷的查询服务，国土资源部先后组织开发了石油天然气地质资料委托管理系统和海洋地质、放射性矿产地质资料委托管理信息系统，其中前者已于2012年3月底正式开通使用（图1.14和图1.15），后者也于2012年2月完成了培训工作，两个系统均集管理和服务功能于一体，对于提高管理和服务水平至关重要。

2012年，国土资源部委托了广州海洋地质调查局、青岛海洋地质研究所及中石油、中石化、中海油系统内其他20家油气公司，作为国土资源部海洋和油气等原始和实物地质资料委托保管单位。通过油气、海洋原始和实物地质资料委托保管工作，一是明确了资料归国家所有，确认了资料权属，履行了汇交程序；二是国土资源部可在在国家层面掌握各单位受委托保管实物地质资料的目录数据，并统一发布服务；三是规定了各受托单位均要提供服务利用，有力地打破了资料封锁。

（6）摸清了全国实物资料家底

2009~2010年，国土资源部组织各省（区、市）国土资源主管部门，对全国实物资料及其管理情况进行了摸底调查，调查覆盖了全国主要生产和保管实物资料的部门和系统。调查结果：全国有482个实物资料保管单位、1359个实物资料永久库房，保存岩矿心

---

① 中石油、中石化、中海油全称依次为中国石油天然气集团公司、中国石油化工集团公司、中国海洋石油总公司。

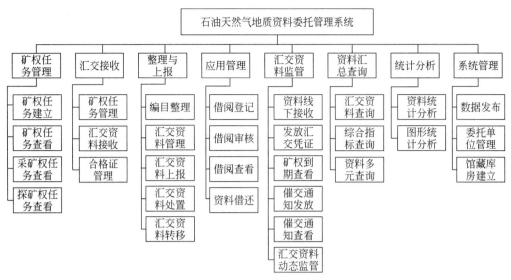

图 1.14　石油天然气地质资料委托管理系统功能框架图

图 1.15　石油天然气地质资料委托管理系统主页面

1006.04 万米、副样 1005.121 万件、标本 30.203 万件，光（薄）片 69.224 万件（表 1.2）。

（7）基本掌握了全国地质钻孔基本信息

2011 年，国土资源部组织开展了全国地质钻孔基本信息清查工作，国土资源实物地质资料中心开发了全国地质钻孔基本信息数据采集软件，并通过国土资源部门户网站向全国发布。全国 31 个省（区、市）1141 个单位进行了钻孔基本信息清查，已查出有钻探工作量的项目数 27 963 个，钻孔总数 618 972 个，其中信息完整的钻孔数 496 734 个，仅有部分信息的钻孔数 80 649 个（表 1.3）。在全国地质钻孔清查的基础上，于 2012 年启动了全国重要地质钻孔数据库建设。

表 1.2 全国实物资料数量分省汇总表

省份	保管单位数（个）	库房数（个）	露天堆放点数（个）	埋藏点数（个）	岩心总长度（万米）	副样数（万件）	标本数（万块）	光（薄）片数（万块）
全 国	482	1359	464	545	1006.04	1005.14	30.203	69.224
内蒙古	51	65	71	51	74.98	48.95	4.373	1.770
辽 宁	42	63	21	19	44.00	30.76	0.398	0.450
湖 南	29	125	44	30	54.84	96.19	0.374	0.106
江 西	27	90	0	0	50.90	58.95	2.357	1.086
广 东	26	66	9	53	20.98	20.62	0.124	0.345
安 徽	23	90	14	23	143.17	37.27	0.316	0.707
福 建	22	75	32	6	99.60	59.90	0.334	1.362
吉 林	20	43	23	11	24.51	19.32	0.317	0.555
新 疆	20	57	57	93	68.59	57.81	1.584	18.371
黑龙江	19	44	15	5	29.99	160.84	10.085	10.388
贵 州	19	44	12	79	26.31	29.26	0.010	2.193
山 东	17	41	14	1	79.10	10.14	0.164	2.370
河 南	17	91	1	2	18.61	14.32	0.076	0.128
湖 北	16	62	2	23	17.97	28.71	0.334	0.667
山 西	15	75	48	8	37.83	33.67	0.231	0.512
浙 江	13	49	0	10	29.62	18.39	0.072	0.098
甘 肃	13	43	5	16	26.13	18.93	2.650	5.735
广 西	12	38	3	4	12.09	17.42	0.122	0.048
陕 西	12	35	10	9	21.00	77.47	0.147	3.785
云 南	11	36	1	4	8.39	14.24	2.040	10.828
河 北	10	13	54	0	51.91	0.73	0.002	0.032
青 海	10	25	7	63	7.19	73.54	1.609	1.923
北 京	7	11	0	0	3.29	5.02	0.011	2.872
江 苏	7	32	5	0	28.37	16.56	2.201	1.635
四 川	6	20	5	4	4.92	28.04	0.037	0.305
宁 夏	6	4	2	15	0.70	4.29	0.000	0.000
海 南	5	13	4	16	8.81	20.29	0.185	0.082
天 津	3	2	2	0	0.83	0.00	0.000	0.000
西 藏	3	5	3	0	7.87	2.18	0.000	0.000
上 海	1	2	0	0	3.54	1.33	0.050	0.871
重 庆	0	0	0	0	0.00	0.00	0.000	0.000

注：不含港澳台数据，下同

表1.3　钻孔基本信息清查结果统计表

	省份	参加钻孔清查的地勘单位数（个）	有钻探工作量的项目数（个）	钻孔总数（个）	信息完整的钻孔数（个）	缺失信息的钻孔数（个）
1	安　徽	75	1 948	52 609	36 085	16 524
2	北　京	16	514	4 011	3 721	290
3	甘　肃	22	579	10 618	10 419	199
4	广　东	39	1 275	12 986	8 179	4 807
5	广　西	27	1 295	30 898	30 003	895
6	河　北	63	2 361	39 553	25 493	10 460
7	黑龙江	31	1 140	22 804	不详	不详
8	湖　北	23	633	16 003	15 910	93
9	海　南	34	1 132	34 904	31 959	2 845
10	江　苏	18	638	12 925	9 196	3 729
11	江　西	33	1 490	24 382	23 680	2 702
12	辽　宁	42	1 360	33 315	23 301	10 014
13	内蒙古	72	1 684	49 497	47 807	1 690
14	宁　夏	10	375	4 014	3 453	561
15	陕　西	113	831	28 877	25 351	3 526
16	四　川	42	519	14 266	不详	不详
17	天　津	4	208	1 430	1 430	0
18	西　藏	43	不详	1 820	不详	不详
19	新　疆	139	1 962	31 512	29 628	1 884
20	云　南	91	1 189	37 596	36 171	1 425
21	重　庆	14	1 649	25 875	25 875	0
22	山　东	71	1 790	40 498	37 861	2 637
23	青　海	18	1 012	31 239	19 975	11 264
24	河　南	52	1 489	33 827	31 101	2 727
25	海　南	23	57	3 635	1 504	2 131
26	福　建	26	833	188 78	18 632	246
	总计	1 141	27 963	618 972	496 734	89 649

三、全国实物资料管理面临的机遇与挑战

展望未来，我国实物资料管理既存在良好的发展机遇，又面临严峻的挑战。

1. 存在的机遇

实物地质资料是地质工作取得的第一手资料，是人类的共同财富，我国地域辽阔，实

物地质资料极其丰富、数量繁多。这些实物地质资料，在地质找矿、资源节约、国土空间开发、优化城镇布局、地质环境保护以及探索地球奥秘等方面具有广泛的利用价值。规范实物地质资料保管，确保重要实物地质资料长期、安全、稳定，是促进实物地质资料利用的基础保障，是践行建设资源节约型、环境友好型社会，大力推进生态文明建设的重要举措。

为满足经济社会持续发展的需要，今后我国还将进一步加强地质工作，除了已经实施的整装勘查和找矿突破战略行动外，地质工作领域不断拓展，海洋地质调查、科学钻探、深部探测与境外矿产资源勘查等工作蓬勃兴起，但地质找矿的难度越来越大，勘查成本和风险越来越高。十八大以来，随着国家经济转型的需要和"一带一路"经济带和"京津冀"协同发展战略的提出，对矿产资源勘查开发与管理提出了新的要求，在这种形势下，实物地质资料管理工作要与时俱进，为国家重大战略的开展提供基础新保障，就必须抓住机遇，适应新常态，主要包括以下几个方面。

一是实物地质资料种类将日益丰富。目前馆藏资源种类以固体矿产勘查和区域地质调查工作形成的岩心、标本、光（薄）片为主，大多对其进行一般性的整理和保管即可。随着今后的发展，一方面地质工作范围从浅部走向深部、从陆地走向海洋、从境内走向境外、从地表走向天空，产生的实物地质资料的种类和数量空前丰富，珍贵资料层出不穷；另一方面实物地质资料汇聚渠道不断拓展，汇交、采集、捐赠、共享等机制不断完善，资料来源趋于多样化。因此，如何确保越来越多的来自不同空间、不同性状的实物地质资料，尤其是特殊的、稀有的资料，如超深钻岩心、气态化合物、极地冰心、海洋柱状样、月岩样等，均得到了妥善的处理与保管，保持其长期稳定的性状，对库藏管理室的业务能力和水平提出了较高的要求。

二是实物地质资料管理工作将得到更高程度的重视。我国高度重视实物地质资料的管理工作，有关实物地质资料管理的法规最高可上溯到《中华人民共和国矿产资源法》，该法第二十七条明确规定，矿产资源勘查的岩矿心、测试样品和其他实物标本资料，应当按照有关规定保护和保存。在此基础上，《地质资料管理条例》（国务院令第349号）和《地质资料管理条例实施办法》（国土资源部令第16号）对实物地质资料管理体制、范围等做出了明确规定。因此，开展实物地质资料保管工作，也是贯彻国家政策、制度的重要体现。

三是实物地质资料分散保管工作新机制初步确立。随着地质工作的不断发展，地质工作者对于资料、信息的种类和丰富程度的要求越来越高，当前实物地质资料管理与经济社会日益增长的资料需求仍存在一定差距。为了进一步加强实物地质资料管理工作，提高实物地质资料服务水平，2015年国土资源部将印发《国土资源部办公厅关于进一步加强实物地质资料管理的通知》（简称《办公厅通知》），已列入部2015年发文计划。《办公厅通知》提出了实物地质资料"分类筛选、分级管理、分散保管、加强服务"的管理原则，并在该原则的基础上，进一步细化实物地质资料管理各相关责任主体的职责分工。

按照《办公厅通知》的精神，实物地质资料实行分类分级管理，其保管要因地制宜，以服务利用为导向，就近保管和服务，重要实物地质资料的保管也要充分依托省级馆和基层单位、工矿企业的力量，提高保管能力。因此，国家级实物地质资料将由以往的集中保管转变为分散保管在全国各符合条件的保管单位。国家实物地质资料馆在其中的主要作用由以往单纯的保管转变为以牵头、组织和管理各保管单位为主，以保管为辅，在行业内的核心、引领和示范作用逐渐凸显，尤其是在国家级实物地质资料分散保管的统筹管理、技术方法的编制、各类基于实物地质资料保管与服务的数据库建设、实物地质资料保管与处置监督检查等方面，均需要进一步加强和完善。

四是实物地质资料信息提取与集成技术日新月异。随着科技的发展，各类测试分析技术手段应用于实物地质资料扫描分析。实物地质资料无损的信息提取已经从初期单一的表面图像扫描发展到各类物化参数的扫描，如光谱矿物分析、XRF元素浓度分析、CT内部结构构造分析、电阻率、磁化率、伽马密度等；结合有损的数据采集获取的各类数据以及与实物相关的原始、成果资料及实验室测试结果中的数据，能够最大限度地将珍贵的实物地质资料数字化，通过数据加工、整合和集成技术，形成岩心综合数据库。同时数据也不仅仅局限于由本单位所形成，大数据时代要求整合整个行业不同来源、不同层次、不同类型的数据，最大限度地服务于地质科研与找矿实践，发挥实物中心在找矿突破战略中的信息支撑作用。

五是实物地质资料信息交流网络化、便捷化。网络信息化服务由于效率高、成本低，在各行各业已经相当普及、深入人心。随着网络技术的普及应用，远程的在线服务已经成为公众最认可的服务方式，数据需求从单一的数据种类、数据来源到各种数据综合分析。实物地质资料本身存在体积大、重量大、不便于移动、无法复制等局限性，因此在实物地质资料多元信息提取的基础之上，建设各类基于实物地质资料保管与服务的数据库，实现各级、各类实物地质资料馆藏机构之间的互联互通，构建全国实物地质资料信息汇聚与共享服务平台，提供一站式服务已经势在必行。

2. 面临的挑战

经过几十年的发展，我国实物资料管理工作虽然取得了显著进展，但由于基础薄弱，当前实物地质资料管理取得的重大进展与经济社会日益增长的实物地质资料服务需求仍存在较大差距，具体表现在以下几个方面。

一是汇交监管缺少抓手，尚未实现应交尽交。通过地质资料汇交监管平台，极大地加强了监管力度，但由于缺乏实物地质资料管理政策法规的宣传与贯彻，汇交人大多较重视原始地质资料的自行保留和成果地质资料的汇交，对实物地质资料的汇交知之甚少；此外，实物地质资料管理和地质工作的项目管理，以及探矿权、采矿权的矿政管理不挂钩，缺乏有力的行政措施制约汇交人，使汇交人汇交实物地质资料的积极性降低，《地质资料管理条例》第二十条规定的处罚措施在实物地质资料汇交管理上也很难实现，缺乏对违法行为的有效约束机制，使不依法汇交实物地质资料的违法成本低，难以从根本上调动汇交人的汇交积极性，实物在汇交前损毁，或者瞒报、漏报《实物地质资料目录清单》，或者不按时依法汇交实物地质资料的情况屡有发生。

二是库房设施不完善，保管情况较差，许多重要资料濒临损毁。尤其是基层地勘单位的库房条件简陋，基层单位目前大多数为勘查单位，非矿业权人，因此为了节约成本，大多采用就地保管等简单方式处理获取的实物地质资料。国土资源部文件《地质勘查资质分类分级标准》（国土资发〔2008〕137号）中明确规定，申请甲级地质勘查资质应有符合规定的实物地质资料库,但由于缺乏其他相关标准、规范,且建设实物库房的申请、报批程序不明,土地和经费问题难以解决,甲级资质地勘单位的实物地质资料库房建设进展迟缓,无法保证对应汇交实物地质资料的临时存放和汇交后实物地质资料的永久存放。许多地勘单位的岩心存放在废弃的队部、租用的民房、搭建的临时棚帐中,或直接堆放在野外(图1.16)。

图 1.16　直接堆放在野外的岩矿心

三是资料封锁严重,共享程度低。即使国家馆和 31 个省级馆全部落实实物地质资料库房建设,能够汇交且保管在国家的实物地质资料的数量仍是十分有限,绝大多数的实物地质资料大多保管在基层地勘单位和工矿企业,因此,实物地质资料服务主体在基层单位。但由于各基层单位疏于对实物地质资料的建档管理,或由于经济利益的考虑等,各单位之间很难互相掌握实物地质资料的保管情况,资料封锁也比较严重,造成很大程度的重复投资、重复工作且资金浪费非常普遍。

四是实物地质资料的管理不够精细化,缺乏分类分级管理。对于哪些该入库保管,哪些该埋藏保管,哪些该缩减,既没有统一的标准,也没有明确的审核和备案程序。

总之,馆藏资源的不断丰富,实物地质资料分级管理体系的细化和完善,各种新的技术方法的不断涌现,信息化管理与服务方式的深入人心,这些都要求实物地质资料馆藏管理工作要在现有工作的基础上,顺应整个地质资料的发展趋势,向"规范化保管和信息化服务"的方向发展,这也是编写本书的目的之一。

第二章 实物地质资料管理工作下一步思路

针对实物地质资料管理中存在的亟须解决的问题，同时考虑到实物地质资料具有体积大、重量大、数量多，保管成本高、管理难度大等特点。实物地质资料无法像成果、原始地质资料一样"统一、集中管理、保管和服务"，必须采用分类、分级管理的方式，才符合实物地质资料管理的实际需求。因此，国土资源部计划在2016年对《实物地质资料管理办法》进行修订，总体修订思路是：构建全国实物地质资料分类分级管理体系，完善并提出实物地质资料筛选分类标准、馆藏建设要求、保管和处置工作要求等技术方法，引导实物地质资料服务利用向信息化方向发展。

一、分类筛选

（一）分类原因

1. 我国实物地质资料数量庞大，不可能也没有必要把所有的实物都入库保管

我国地域辽阔，实物地质资料极其丰富、数量繁多。据2009~2010年全国实物地质资料摸底调查结果显示，全国有482个实物地质资料保管单位，1359个实物地质资料库房，保存岩矿心1006.04万米，副样1005.14万件，标本30.203万件，光（薄）片69.24万件。此外，每年钻探工程量约2000万米，考虑采取率及大多数工程钻不取心等因素，每年产生的岩心实际长度仍可达数百万米。

实物地质资料体积大、重量大、数量多，把所有实物不加以区分地全部入库保管是不现实的，也没有这个必要。需要综合考虑保管成本与再次利用能够产生的经济社会效益，作为衡量是否继续保管的依据。因此，在综合考虑实物地质资料的档案价值、利用价值、稀缺程度和获取难易程度的基础上，将实物按照统一的标准合理地划分为不同的级别，并采取不同的保管措施，有的放矢地使有限的库房资源保管最为重要、最珍贵的实物，符合建设资源集约节约型社会的要求。

2. 实物地质资料本身存在相对的重复性，技术上可以进行分类

理论上讲，所有的实物地质资料都是独一无二的，都具有重复利用价值，每一米岩心、每一份副样、每一片光（薄）片都与众不同，都蕴含着大量地质信息。但实际情况中，受库房设施、人员和经费限制，不可能将所有实物入库保管，同时，实物地质资料存在一定程度的重复性，如对于矿产勘查，沉积型矿产层位是稳定的，矿区布置的钻孔控制的层位、岩性大致相同，即可筛选出一部分孔深较深、层位齐全的作为代表性钻孔进行保管，其他钻孔可以进行缩减或埋藏。

（二）分类方法

综合考虑实物地质资料的档案价值、利用价值、稀缺程度和重置成本等因素，将实物地质资料分为Ⅰ、Ⅱ、Ⅲ类；国土资源主管部门、实物地质资料馆藏机构及汇交人应统一标准，参照《实物地质资料分类要求（试行）》（简称《分类要求》），计划于2016年由国土资源部印发执行对实物地质资料进行分类筛选。

总体上讲，筛选方法为二维筛选法，首先按照产生实物地质资料的地质工作类型，将资料分为"区域地质调查、矿产勘查、水文地质、工程地质、环境地质、海洋地质、地质科学研究类实物地质资料"七个类别，在每个类别内部，综合考虑实物地质资料的档案价值、利用价值、稀缺程度及获取难易程度等因素，将实物地质资料定为"Ⅰ、Ⅱ、Ⅲ类"三个不同的级别（表2.1）。

表2.1　实物地质资料分类方法示意表

分类	区域地质调查	矿产勘查	海洋地质	水工环	地质科学研究
Ⅰ类	层型剖面标本	超大型、大型矿床深孔	钻孔、柱状样、远洋深海样品		科钻岩心
Ⅱ类	区域化探副样		近海样品	分层标、基岩标、控制孔	
Ⅲ类		矿区边部、外围等不明区域钻孔			

Ⅰ类实物地质资料定义：Ⅰ类实物地质资料是指能够反映全国或区域地质现象或重大地质工作成果，具有全国代表性、典型性、特殊性的实物地质资料。向国土资源部汇交，由国家级实物地质资料馆藏机构进行接收、保管和利用服务。

Ⅱ类实物地质资料定义：Ⅱ类实物地质资料是指能够反映本省（区、市）或一定行政区域地质特征和主要地质工作成果，具有本省（区、市）或一定行政区域代表性、典型性、特殊性的实物地质资料。向省级国土资源主管部门汇交，由省级实物地质资料馆藏机构进行接收、保管和利用服务。

Ⅲ类实物地质资料定义：为除Ⅰ、Ⅱ类实物地质资料外，其他具有重要重复利用价值的实物地质资料。由汇交人自行保管和利用。

（三）分类原则

Ⅰ类实物地质资料：重点考虑资料的代表性、档案价值和稀缺程度等，其次考虑资料的利用价值。因此，选择的Ⅰ类实物地质资料一定要有代表性，或者具有重大的历史档案价值等。例如，选择钻孔岩心时，要选在主勘查线上的代表性钻孔，一般为矿区勘探程度较高区域的深孔、最深孔岩心。岩心控制的层位要齐全，能够见到的地质现象要丰富，同时本着以最少实物数量反映尽可能多的地质现象为原则进行筛选。在历史档案价值方面，有些国家重大工程、专项，取得了重大成果的项目，知名地质专家取得的实物具有这方面的属性，也应列为Ⅰ类。

Ⅱ类实物地质资料：重点考虑资料的系统性和利用价值，其次考虑资料的代表性和档案价值，要能够系统地体现本行政区的地质特征。以矿产勘查为例，在一个矿床内确定的Ⅱ类实物地质资料要以能够基本搭建矿床成矿地质特征模型为宜，如可选择两条相互垂直的主勘查线上的所有钻孔为Ⅱ类。

Ⅲ类实物地质资料：重点考虑资料对未来找矿勘查、矿业权交易的二次利用（分析测试）和资料见证的价值。越是矿区边部、外围的，越是工业远景未明，未进行综合评价的，越是地质工作程度较低的（如预查、普查）区域的实物地质资料，虽然往往其代表性不强，但其对于地勘单位和矿山企业而言，在下一步工作中的利用价值大，要定位Ⅲ类资料予以保管。

（四）资料比例

对于一个项目，Ⅰ、Ⅱ、Ⅲ类实物地质资料所占的比例，与项目的类型、项目取得的成果及产生的实物地质资料类型及数量等均有关系，因此不宜做统一要求。例如，对于储量规模为小型的矿床，其形成的所有实物地质资料可能均为Ⅱ类、Ⅲ类及其他；对于区域性的化探项目形成的所有实物均为Ⅱ类实物；对于科钻项目形成的所有岩心均为Ⅰ类实物；对于主要矿种大型、超大型矿床形成的实物，既有Ⅰ类，也有Ⅱ类、Ⅲ类实物地质资料。

但总体上讲，Ⅰ类实物地质资料是国家备份的重要资料，因此要少而精，处于金字塔塔尖的位置；Ⅱ类实物地质资料要系统，数量上一般多于Ⅰ类，少于Ⅲ类；最广泛、最大量的实物地质资料仍然为Ⅲ类和其他的实物地质资料（图2.1）。因此，基层单位仍然是实物地质资料保管与利用的主体。

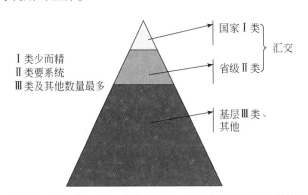

图2.1　Ⅰ、Ⅱ、Ⅲ类实物地质资料呈"金字塔形"分布

（五）分类时间

什么时候对实物地质资料进行分类？这是困扰很多资料管理者的问题。是在项目野外工作形成之后，在野外即可进行分类？还是报送实物地质资料目录清单之后进行分类？还是收到清单后，在野外现场结合部分原始地质资料，实地进行分类？

实际上，根据项目种类的不同，分类的时间点也不同，应灵活操作。

1）区域地质调查项目：收到实物地质资料目录清单后，根据实物地质资料目录清单即可筛选Ⅰ类和Ⅱ类实物地质资料。

2）矿产勘查类项目：大多数矿产勘查类项目可根据实物地质资料目录清单，确定其不含有Ⅰ类和Ⅱ类实物地质资料；对于可能含有Ⅰ类和Ⅱ类实物地质资料的，要到野外现场，结合部分原始地质资料（如工程布置图、勘探线剖面图和钻孔柱状图等），并实地考察岩心的保管和完整情况，确定Ⅰ类和Ⅱ类实物地质资料目录。

3）海洋地质类项目：根据实物地质资料目录清单，即可确定Ⅰ、Ⅱ类实物地质资料的种类和数量。

4）水工环类项目：根据实物地质资料目录清单，并结合野外现场考察，综合确定Ⅱ类实物地质资料的名录。

5）地质科学研究类项目：根据实物地质资料目录清单，即可确定Ⅰ、Ⅱ类实物地质资料的种类和数量。

（六）与现行《实物地质资料管理办法》的差别

《实物地质资料管理办法》修订后，在实物地质资料汇交渠道上，与修订前差别显著，甚至可以说是革命性的变化。修订前，是按照地质工作项目的类型和资金来源确定汇交渠道，如中央财政项目向国土资源部汇交，地方财政项目向省级国土资源主管部门汇交；修订后，是按照实物地质资料本身的重要性、典型性和代表性确定汇交渠道，如Ⅰ类实物地质资料向国土资源部汇交，Ⅱ类实物地质资料向省级国土资源主管部门汇交。

二、分级管理

（一）什么是分级管理？

分级管理是指不同级别的管理部门，按照职责分工，分别负责不同类别的实物地质资料的管理工作，其中，国土资源部负责制定实物地质资料管理制度和汇交、保管、利用的监督管理，组织管理和保管Ⅰ类实物地质资料；省级国土资源主管部门负责本行政区内的实物地质资料汇交、保管和利用的监督管理，组织管理和保管Ⅱ类实物地质资料，指导汇交人按有关规定做好实物地质资料的保管和处置；汇交人负责Ⅲ类及其他实物地质资料的保管及处置工作（图2.2）。

图2.2 实物地质资料分级管理示意图

（二）分级管理的职责分工？

1）国土资源部（简称部）负责全国实物地质资料的汇交、保管、利用的监督管理。

2）国土资源实物地质资料中心（简称部实物中心）为国家级实物地质资料馆藏机构，负责按相关规定督促汇交人依法汇交实物地质资料，筛选、接收和保管Ⅰ类实物地质资料，并向社会提供服务利用；定期向部报送全国实物地质资料汇交、保管和服务情况；完成部交办的其他实物地质资料管理工作。

3）省级国土资源主管部门负责本行政区内实物地质资料汇交、保管、利用的监督管理。

4）省级实物地质资料馆藏机构（简称省级馆）负责按相关规定督促汇交人依法汇交实物地质资料，筛选、接收和保管Ⅱ类实物地质资料，并向社会提供服务利用；定期向省级国土资源主管部门报送本行政区内实物地质资料汇交、保管和服务情况等工作。

5）受委托保管单位负责接收、验收和保管受委托保管的实物地质资料，并向社会提供服务利用；定期向委托单位报送受委托保管实物地质资料汇交、保管和服务情况。

6）汇交人负责在地质工作过程中依法依规采集、保管实物地质资料，汇交Ⅰ类、Ⅱ类实物地质资料并妥善保管Ⅲ类实物地质资料（图2.3）。

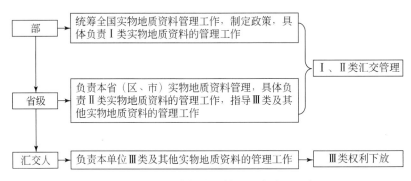

图2.3　实物地质资料分级管理职责分工示意图

（三）Ⅲ类及其他实物地质资料如何进行管理？

分级管理中，Ⅰ、Ⅱ类实物地质资料需要分别向国土资源部和省级国土资源主管部门汇交，属于由政府进行管理的部分，这部分是明确的。对于绝大多数汇交人而言，更为关心Ⅰ、Ⅱ类之外，Ⅲ类和其他实物地质资料如何进行管理，是否可以进行缩减、埋藏和清除以及需要的报批手续。实际工作中，由于汇交人不具备妥善保管大量实物地质资料所需要的库房和人员，或者由于产生的实物地质资料数量庞大，需要对部分实物地质资料进行缩减、埋藏和清除时，汇交人或保管单位往往比较盲目，国土资源主管部门和馆藏机构也不知如何报批。

关于实物地质资料缩减、清除的处置方法和报批程序，目前有明确规定的是《地质勘查钻探岩矿心管理通则》（DZ/T0032-92），该通则第4.1.9条规定：一般矿区或勘查项目，包括异常验证和普查评价项目的岩矿心的缩减方案由大队审批，报上级主管部门备案；重要勘探矿区和重点地质勘查项目的缩减方案由大队报请上级主管部门批准。但由于该通则发布于 1992 年，目前随着地勘单位改制和属地化管理，各省地矿局和地勘单位的性质和职能发生了很大变化，地矿局由政府主管部门变为了科研事业单位，地勘单位由科研事业单位逐渐转企。因此，无论是地矿局，还是地勘单位，均不具备报批和备案的职能，由于没有新的政策进行规定，实物地质资料的缩减、清除处于政策的空白。

关于Ⅲ类实物地质资料，根据现行《实物地质资料管理办法》的精神，可以入库保管或埋藏保管，不可进行缩减或清除。也就是说，国家和省筛选完Ⅰ、Ⅱ类后，汇交人可参照《实物地质资料分类要求》，并结合未来进一步开展地质勘查、开发及矿业权交易等需要，从中筛选出Ⅲ类实物地质资料自行保管，条件好的，可入库保管，条件不好的，可按照技术方法埋藏保管。但无论是入库保管，还是埋藏保管，其形成的目录均要向省级馆备案。

对于除了Ⅰ、Ⅱ、Ⅲ类之外，剩余的实物地质资料，目前尚未做明确要求，建议参照《地质勘查钻探岩矿心管理通则》进行管理，由本单位组织专家论证后，进行保管或缩减、埋藏、清除等，但本单位要做好登记，并向上级主管部门备案。

三、分散保管

（一）什么是分散保管？

实物地质资料保管要因地制宜，充分依托基层地勘单位力量，就近开展保管和服务工作。Ⅰ类、Ⅱ类实物地质资料可采取委托等方式，就近保管在符合《实物地质资料馆藏建设要求（试行）》（简称《馆藏要求》，计划 2016 年由国土资源部印发执行。）乙级及以上要求的保管单位。鼓励有关地勘单位及矿山企业等参与保管工作。

Ⅰ类实物地质资料，其保管类似于国家一级文物，既可以保管在国家馆（类似于故宫博物院），也可以保管在省级馆（类似于省博物馆），还可以保管在符合要求的地勘单位（类似于民间博物馆）；Ⅱ类实物地质资料可以保管在省级馆（类似于省博物馆），还可以保管在符合要求的地勘单位（类似于民间博物馆）；Ⅲ类实物地质资料由汇交人入库保管或埋藏保管（图 2.4）。以这种方式，最大限度地使全社会的实物库房，能够保管最为珍贵、最重要的实物地质资料，提高资料保管能力与效果。

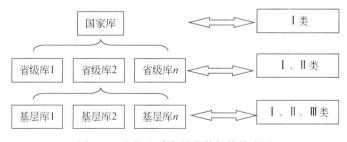

图 2.4　实物地质资料分散保管模式图

（二）为什么要分散保管？

一方面，实物地质资料的数量是海量的，并且主要产生在基层地勘单位，其利用也主要是工作区附近的地勘单位，本着方便利用的原则，其保管要因地制宜，充分依托基层地勘单位力量，就近开展保管和服务工作。另一方面，实物地质资料数量大，仅仅依靠国家馆和31个省级馆，能够保存下来的数量依然十分有限，以Ⅰ类实物地质资料为例，国家馆目前馆藏容量为60万米，而Ⅰ类实物地质资料的数量远远超过60万米，因此，需要由部分省级馆和有条件的地勘单位代国家馆保管部分Ⅰ类实物，所以Ⅰ类实物也是分散保管在全国的，这是一种"化整为零"的保管方式。

（三）省级馆如何解决库房问题？

实物地质资料库房是实物地质资料管理工作的基础，没有库房，管理无从谈起。因此，落实"分散保管"，首先要有一定规模的实物库房作为基础保障。国家馆和省级馆应按照《实物地质资料管理办法》的规定，根据《馆藏要求》规定的各项标准建设实物地质资料库，确保本国家和省（区、市）重要实物地质资料得到妥善保管。对于暂时无法建设集中库房的省（区、市），鼓励通过向市县延伸或者建设区域分库等方式提高实物地质资料保管能力。

（四）地勘单位如何建设库房？

《地质勘查资质分类分级标准》（国土资发〔2008〕137号）的规定，拥有甲级资质的地勘单位，要建设实物地质资料库房，但考虑到地勘单位情况复杂，各单位的土地占有、经费量等差别很大。因此，地勘单位实物库房建设不宜做统一强制性规定，但可根据参照《实物地质资料馆藏建设要求》中"乙级库房要求"建设实物地质资料库，使本单位具备自行保管实物地质资料的能力（表2.2）。

表2.2 实物地质资料馆藏机构分级基本情况表

馆藏机构	资质要求	库房容量（万米）	人员（人）	配套设施
国家馆	特级	50	50	库房建设要求高，除了一般库房外，还需建设低温、冷冻、恒温、防辐射等特殊实物库，配备业务与技术用房，配备实物保管、扫描数字化与观察取样设备等
省级馆	甲级	30	20	库房建设要求较高，至少建设一般库房，还需配备业务与技术用房，配备基本的实物保管与观察取样设备等
甲级资质单位	乙级	5	3	满足基本的库房"八防"要求

四、强化服务

"服务利用"是实物地质资料管理工作的主要目标和重中之重工作，今后要建立和完善服务机制，提高向全社会提供实物地质资料服务的能力。一方面进一步加强实物地质资料数据库建设，开发服务产品，丰富服务内容，夯实服务基础。实物地质资料服务要以需求为导向，开发各类基于信息化的实物地质资料服务产品，拓展服务领域，提高服务水平。部负责组织制订实物地质资料信息化有关标准规范，国土资源实物地质资料中心（简

称部实物中心）负责汇总、整理实物地质资
料信息，建立全国实物地质资料目录数据库
（图 2.5）、重要地质钻孔数据库及其他实物
地质资料数据库，并纳入全国统一的地质资
料信息集群化共享服务平台。省级国土资源
主管部门负责本行政区内实物地质资料数据
库建设。

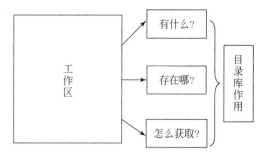

图 2.5　实物地质资料目录数据库
服务方式示意图

另一方面，要完善服务收费机制。通过
完善收费机制，从根本上提高馆藏机构和地
勘单位对外服务利用的积极性，起到良好的
政策引导作用。但是，对于公益性馆藏机构和非公益性的实物地质资料保管单位，因其资
金来源、单位运行机制不同，其收费机制也有所不同，具体如下：

公益性实物地质资料保管单位要向社会提供免费查询服务；符合法律法规规定向特定服
务对象提供特定服务的，报经财政、价格主管理部门批准后，可按批准的收费项目和标准
收取事业性收费，并向社会公布。

非公益性实物地质资料保管单位，可在考虑保管与服务成本的基础上，按市场原则取
得服务性收入。国土资源主管部门应强化监督检查，针对实物地质资料保管单位的馆藏建
设和服务水平开展定期检查及不定期抽查，并对监督检查结果进行通报。

五、慎重处置

除了入库保管之外，实物地质资料的处置（埋藏、缩减等）也是实物地质资料管理必
不可少的环节。需要对实物进行处置的情况如下：

一是有更优的新实物产生，且可完全替代老实物时，可对老实物进行处置；

二是在地质现象简单、实物数量巨大、实物重复性较大的情况下，可在保留部分代表
性实物的前提下，对实物进行处置；

三是自然环境恶劣，或者在境外，无法将实物带回保管地点的，可对实物进行野外现
场处置，等等。

（一）处置的报批程序

Ⅰ类实物地质资料需要用新产生的更优资料进行替换时，报部实物中心审定；Ⅱ类实
物地质资料需要用新产生的更优资料进行替换时，报省级馆审定；Ⅲ类实物地质资料的保
管地点、保管情况或埋藏地点、埋藏情况，报本行政区省级国土资源主管部门备案。

（二）处置的技术方法

资料埋藏保管的方法，遵照《实物地质资料保管工作要求》（简称《保管要求》，计
划 2016 年由国土资源部印发执行）执行；在缩减方面，遵循《地质勘查钻探岩矿心管理
通则》规定的技术方法。

第三章 实物地质资料管理总体流程及文书表格

一、总体工作流程介绍

根据实物地质资料管理的下一步工作思路，实物地质资料管理的总体流程如图3.1所示。

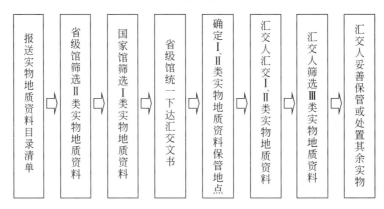

图 3.1 实物地质资料管理工作流程图

《实物地质资料管理办法》完成修订前，实物地质资料在汇交程序上仍是由国家馆先筛选Ⅰ类，之后省级馆筛选Ⅱ类。之所以采取这样的程序，是由2008年《实物地质资料管理办法》发布时特殊的工作现状所决定，那时各省级馆尚未落实实物地质资料管理职能，无法开展实物地质资料汇交事宜，只能先由国家馆进行引领、示范和带动，由国家馆先行筛选。

目前，各省级馆基本上已经落实了实物地质资料管理职能，很多省还建设了省级实物地质资料库房设施。因此，根据下一步修订《实物地质资料管理办法》达成的共识，将改为由省级馆先筛选Ⅱ类实物地质资料，之后商国家馆筛选Ⅰ类实物地质资料，本部分也将按照这个流程进行阐述。

1. 报送实物地质资料目录清单

地质工作项目野外地质工作结束之后，汇交成果地质资料之前，由汇交人填写《实物地质资料目录清单》，报送到国家馆或省级馆。报送的途径有两条：一是线上报送，汇交人在"地质资料汇交监管平台"上注册账号密码后，直接在平台上填报，上传扫描件由系统自动分配至国家馆和相关省级馆；二是线下报送，汇交人填写好纸质的《实物地质资料目录清单》并加盖公章后，邮寄至国家馆和省级馆，或邮寄至其中一方，由国家馆和省级馆互相转送（图3.2）。

相关省级馆解释：有明确行政区的地质工作项目，其所在行政区的省级馆；无明确行

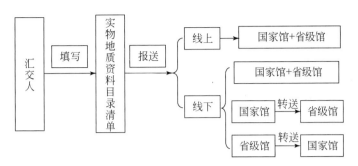

图 3.2　实物地质资料目录清单报送流程

政区的地质工作项目，其承担单位所在行政区的省级馆；跨行政区的地质工作项目，转送至涉及行政区的省级馆。

2. 省级馆筛选Ⅱ类实物地质资料

省级馆接收到《实物地质资料目录清单》后，参照《分类要求》，在其中筛选出Ⅱ类实物地质资料目录清单，并将筛选结果反馈国家馆。

3. 国家馆筛选Ⅰ类实物地质资料

国家馆收到《实物地质资料目录清单》和省级馆反馈的筛选结果后，和省级馆共同确定最终的Ⅰ类、Ⅱ类实物地质资料目录清单（图3.3）。

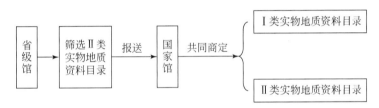

图 3.3　Ⅰ类实物地质资料目录清单报送流程

4. 省级馆统一下达汇交文书

省级馆筛选完成后，将国家馆、省级馆筛选结果统一反馈汇交人。国家馆和省级馆的筛选结果有四种（图3.4）：

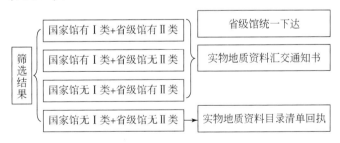

图 3.4　实物地质资料筛选结果及反馈文书

1）国家馆筛选有Ⅰ类，省级馆筛选有Ⅱ类，这种情况，由省级馆统一向汇交人下达《实物地质资料汇交通知书》，"通知书"中附Ⅰ、Ⅱ类实物地质资料目录清单。

2）国家馆筛选无Ⅰ类，省级馆筛选无Ⅱ类，这种情况，由省级馆统一向汇交人下达

《实物地质资料目录清单回执》，通知汇交人无需汇交实物地质资料。

3）国家馆筛选有Ⅰ类，省级馆筛选无Ⅱ类，这种情况，由省级馆统一向汇交人下达《实物地质资料汇交通知书》，"通知书"中附Ⅰ类实物地质资料目录清单。

4）国家馆筛选无Ⅰ类，省级馆筛选有Ⅱ类，这种情况，由省级馆统一向汇交人下达《实物地质资料汇交通知书》，"通知书"中附Ⅱ类实物地质资料目录清单。

5. 确定Ⅰ、Ⅱ类实物地质资料保管地点

国家馆和省级馆筛选确定Ⅰ、Ⅱ类实物地质资料后，可根据资料的种类、数量及本馆馆藏空间情况，合理商定Ⅰ、Ⅱ类实物地质资料的保管位置。根据"分散保管"的工作原则，国家馆可委托省级馆或地勘单位、工矿企业等代为保管部分Ⅰ类实物地质资料，省级馆可委托地勘单位、工矿企业等保管部分Ⅱ类实物地质资料。双方委托与被委托关系的确立，通过委托方向被委托方下达《国家Ⅰ类实物地质资料委托保管通知书》或《××省Ⅱ类实物地质资料委托保管通知书》确立。

6. 汇交人汇交Ⅰ、Ⅱ类实物地质资料

汇交人接收到省级馆下达的《实物地质资料汇交通知书》后，挑选出通知书中标明的Ⅰ、Ⅱ类实物地质资料，按照馆藏机构提供的技术要求进行必要的整理、整饰与包装、固定，由馆藏机构运输到确定的保管地点入库保管。至此，实物地质资料整个汇交程序结束。

7. 汇交人筛选Ⅲ类实物地质资料

汇交人参照《实物地质资料分类要求》，结合下一步矿产资源勘查开发、地质科学研究工作等的需要，从剩余的实物地质资料中，筛选出需要进一步妥善保管的Ⅲ类实物地质资料。有条件的入库保管，条件差的，要按照规定的技术方法进行埋藏保管。埋藏保管也是一种有效的保管方式，按照技术方法埋藏的实物地质资料，在短期内（5年左右）挖掘出来可以恢复原来的次序，并提供利用。

无论是入库保管，还是埋藏保管，均需要向省级馆进行备案，备案方法及表格格式见表3.1。

8. 汇交人妥善处置其余实物

其余实物地质资料的处置方法及报批要求，在《实物地质资料管理办法》中未作出明确规定，汇交人应参照《地质勘查钻探岩矿心管理通则》的要求，认真组织专家进行论证、把关，尤其是需要缩减和清除的，要在本单位内部进行论证和审核，并保存审核、批准资料，向省级馆备案。

二、举例说明

以"贵州省天柱县美郎—亚进重晶石矿普查项目"实物地质资料汇交、保管为例，对整个实物地质资料分类筛选、分级管理、分散保管的工作程序及涉及的文书表格说明如下。

1. 项目及汇交人基本情况介绍

项目名称为"贵州省天柱县美郎—亚进重晶石矿普查项目"，为社会资金项目，出资人即矿业权人为西南能矿集团股份有限公司，勘查单位为贵州省地质资源勘查开发局101地质大队。该项目实物工作量为15个钻孔，总进尺4697.079米，取心4211.33米。项目找矿成果好，共探明重晶石（333+334）资源量 1000 多万吨，达到大型规模，此外项目所在矿床总储量已超过 2 亿吨，为国内最大的重晶石矿床。

该项目的矿业权人为"西南能矿集团股份有限公司"，因此汇交人为该公司，但矿权人全权委托勘查单位办理资料汇交事宜，属于地勘单位代汇交人履行汇交义务的情况（表 3.1 和表 3.2）。

表 3.1　实物地质资料目录清单（填写范例）

项目名称	贵州省天柱县美郎—亚进重晶石矿普查项目					
项目来源	□中央财政安排项目　　□地方财政安排项目　　☑其他资金安排项目					
所在行政区名称	贵州省（区、市）　　黔东南苗族侗族自治州市（地）　　天柱县（市）					
汇交人	西南能矿集团股份有限公司					
汇交人联系方式	通信地址：贵州省贵阳市云岩区振兴路 1 号				邮政编码：123456	
	联系人：张三		联系电话：123456		电子信箱：123456	
工作区地理位置	经度：　12 度　12 分　11 秒 至　　12 度　12 分　11 秒			纬度：　12 度　12 分　13 秒 至　　12 度　12 分　13 秒		
工作性质	□区调　☑矿产　□海洋　□水工环　□科研　　□其他					
工作程度	比例尺：□小于 1：100 万　□1：100 万　□1：50 万　□1：25 万 　　　　□1：20 万　□1：10 万　□1：5 万　□1：2.5 万 　　　　□1：1 万　□大于 1：1 万					
	工作阶段：□预查　☑普查　　□详查　　□勘探　□开发					
地质简况	大地构造位置：×××构造带					
	成矿带：××××成矿带					
	主要矿种：重晶石		成因类型：沉型		成矿时代：寒武系	
主要成果简述	区调项目	主要填写"矿化、矿点的发现情况"，"地层、岩浆岩、构造、古生物等方面解决的问题、新的发现"等内容				
	矿产勘查类项目	预查、普查类：☑见矿情况好　□见矿情况一般　□未见矿 详查、勘探类：□找矿成果突出　□找矿成果较好 　　　　　　　□找矿成果一般　□无找矿成果 开发类（储量规模）：□小型　□中型　□大型				
	地质科学研究及其他项目					
实物数量	岩矿心：　　15　孔，总进尺 4697.079　米，取心 4211.33　米，岩屑　　袋					
	标本：　　　　块			样品（副样）：　　　　袋		
	光片：　　　　件			薄片：　　　　件		
	其他：					
	汇交人盖章 2015 年 3 月 3 日			备注： 说明：表中属于选项栏的，只需在方框中打"√"。有野外地质工作量的项目均应填报此表		

表 3.2　实物地质资料目录清单（填写范例）

序号	钻孔名称	钻孔位置		总进尺（米）	取心数量（米）	岩屑（袋）	见矿深度范围（米）	备注
		X	Y					
1	ZK504	2997363	36608831	539.43	495.23		424~425	北京54坐标系
2	ZK401	2996608	36606765	241.00	217.27		137~140	北京54坐标系
3	ZK205	2996889	36607140	167.54	157.70		88~90	北京54坐标系
4	ZK1901	3000816	36609709	420.39	351.84		387.39~402.04	北京54坐标系
5	ZK104	2996598	36608474	511.428	475.00		488.27~489.25	北京54坐标系
6	ZK501	2998059	36608089	192.10	157.70		101.70~103.70	北京54坐标系
7	ZK101	2997636	36607448	329.30	288.35		281.60~283.00	北京54坐标系
8	ZK905	2998031	36609269	329.75	318.08		261.45~266.35	北京54坐标系
9	ZK901	2998727	36608570	175.75	146.18		108.42~109.84	北京54坐标系
10	ZK402	2996320	36607080	353.65	330.55		100~102	北京54坐标系
11	ZK202	2996620	36607430	222.83	175.00		60~62	北京54坐标系
12	ZK103	2996710	36608381	413.091	390.33		220~221	北京54坐标系
13	ZK301	2997210	36608480	301.67	278.55		186~187	北京54坐标系
14	ZK701	2997890	36608970	397.94	340.55		295~296	北京54坐标系
15	ZK902	2998410	36608990	101.21	89.00		未见矿	北京54坐标系

2. 填报《实物地质资料目录清单》

填报时间为野外地质工作结束之后，汇交成果地质资料之前，101地质大队人员根据项目产生的实物地质资料情况，填写《实物地质资料目录清单》，格式见国土资发〔2011〕78号附件3-1，填写范例见表3.1。根据《加强通知》，目录清单为在"地质资料汇交监管平台"中填写，由监管平台自动将该清单发送到国家馆和地质工作项目所在行政区的省级馆。

3. 国家馆筛选Ⅰ类实物地质资料

国家馆根据《实物地质资料目录清单》及《实物地质资料分类筛选要求》，筛选确定Ⅰ类实物地质资料，形成《Ⅰ类实物地质资料目录》（表3.3），并将该清单转送省级馆，可通过监管平台系统自动转送。

表 3.3　Ⅰ类实物地质资料目录（填写范例）

序号	资料级别	资料种类	资料名称	资料数量	入选依据	备注
1	Ⅰ类	岩矿心	ZK104	475米	矿区主勘查线上代表性钻孔，控制主要矿体	
2	Ⅰ类	岩矿心	ZK504	495.23米	矿区最深孔，分别控制了重晶石和铅锌矿，属于控制主要矿体、兼顾次要矿体钻孔，控制地层最齐全	
3	Ⅰ类	岩矿心	ZK101	329.3米	主勘查线上代表性钻孔，控制主要矿体，控制地层较全	

如果经筛选无Ⅰ类实物地质资料，由国家馆向省级馆转送《实物地质资料目录清单回

执》，格式如下（图 3.5）。

实物地质资料目录清单回执（范例）

国资目回〔2015〕001 号

贵州省地质资料馆：

　　西南能矿集团股份有限公司报送的贵州省天柱县美郎—亚进重晶石矿普查（110000011）项目形成的实物地质资料目录清单已收到，经筛选，无 I 类实物地质资料。

国土资源实物地质资料中心
2015 年 5 月 1 日

图 3.5　实物地质资料目录清单格式

4. 省级馆筛选 II 类实物地质资料

　　省级馆根据《实物地质资料目录清单》《实物地质资料分类筛选要求》及国家馆筛选结果，筛选确定 II 类实物地质资料（表 3.4）。

表 3.4　II 类实物地质资料目录（填写范例）

序号	资料级别	资料种类	资料名称	资料数量	入选依据	备注
1	II 类	岩矿心	ZK202	222.83 米	分别控制重晶石、铅锌矿体，铅锌矿效果好	
2	II 类	岩矿心	ZK301	301.67 米	控制重晶石矿体中部，重晶石见矿效果好	
3	II 类	岩矿心	ZK402	353.68 米	控制重晶石矿体，重晶石见矿效果好	

5. 省级馆统一下达汇交文书

　　经筛选，有 I 类或 II 类实物地质资料的，由省级馆统一向汇交人下达《实物地质资料汇交通知书》（图 3.6），通知书后附 I 、II 类实物地质资料目录清单（表 3.5 和表 3.6）。

实物地质资料汇交通知书（格式）

黔实资汇〔2015〕001 号

西南能矿集团股份有限公司：

　　你单位报送的贵州省天柱县美郎—亚进重晶石矿普查（110000011）项目形成的实物地质资料目录清单已收到，根据《实物地质资料管理办法》的有关规定，你单位报送的本通知附表所列的实物地质资料应向国土资源部和省级国土资源主管部门汇交。国土资源实物地质资料中心和贵州省地质资料馆将到现场进行筛选与接收，具体时间由负责接收地质资料的地质资料馆藏机构另行通知。

附表：应汇交实物地质资料清单

贵州省地质资料馆
2015 年 5 月 5 日

抄送：国土资源实物地质资料中心

图 3.6　实物地质资料汇交通知书（格式）

表 3.5　应汇交实物地质资料清单

项目名称	110000011			
项目编号或探（采）矿权许可证号	贵州省天柱县美郎—亚进重晶石矿普查			
序号	资料类别	资料名称	数量及单位	汇交对象
1	岩心	ZK104 全孔岩心	475 米	国土部
2	岩心	ZK504 全孔岩心	495.23 米	国土部
3	岩心	ZK101 全孔岩心	329.3 米	国土部
4	岩心	ZK202 全孔岩心	222.83 米	省厅
5	岩心	ZK301 全孔岩心	301.67 米	省厅
6	岩心	ZK402 全孔岩心	353.68 米	省厅

注：本表一式两份，汇交人和负责接收地质资料的馆藏机构各一份。表中"资料类别"项根据移交实际情况分别填写岩心、标本、副样、岩屑或光（薄）片；"数量及单位"项的"单位"按以下规则填写："岩心"类填"米""标本"类填"块""副样"和"岩屑"类填"袋""光（薄）片"类填"件"，Ⅰ类实物地质资料的汇交对象填写"国土部"，Ⅱ类实物地质资料的汇交对象填写"省厅"

表 3.6　国家Ⅰ类实物地质资料移交清单

编号	国实资Ⅰ移 2015001			
项目名称	贵州省天柱县美郎—亚进重晶石矿普查			
项目编号	110000011			
序号	资料种类	资料名称	数量及单位	资料类别
1	岩心	ZK504 全孔岩心	495.23 米	Ⅰ类
2	岩心	ZK101 全孔岩心	329.3 米	Ⅰ类

移交方：国土资源实物地质资料中心　　　　　　　　　接收方：贵州省地质资料馆

2015 年 6 月 20 日　　　　　　　　　　　　　　　　2015 年 6 月 20 日

注：本表一式两份，移交方和接收方各一份。表中"资料种类"项根据移交实际情况分别填写岩心、标本、副样、岩屑或光（薄）片；"数量及单位"项的"单位"按以下规则填写："岩心"类填"米"，"标本"类填"块"，"副样"和"岩屑"类填"袋"，"光（薄）片"类填"件"；"资料级别"填写"Ⅰ类或Ⅱ类"

　　经筛选，无Ⅰ类和Ⅱ类实物地质资料的，由省级馆统一向汇交人下达《实物地质资料目录清单回执》（图 3.7），告知汇交人无须汇交实物地质资料，但应做好保管事宜。

实物地质资料目录清单回执（范例）

黔资目回〔2015〕001 号

西南能矿集团股份有限公司：

　　你公司报送的贵州省天柱县美郎—亚进重晶石矿普查（110000011）项目形成的实物地质资料目录清单已收到，经筛选，无需向国土资源部和贵州省国土厅汇交实物地质资料，由你单位按国家有关规定妥善保管。

贵州省地质资料馆

2015 年 6 月 1 日

图 3.7　实物地质资料目录清单回执（填写范例）

6. 确定Ⅰ、Ⅱ类实物地质资料保管地点

假设国家馆的 ZK101、ZK504 全孔岩心需要由省级馆代国家馆尽心保管，由国家馆向省级馆下达《实物地质资料委托保管通知书》（图 3.8），通知书中附委托保管实物地质资料目录（移交清单）。

国家Ⅰ类实物地质资料委托保管通知书

国实资保〔2015〕001 号

四川省国土资源资料馆：

　　经筛选，贵州省天柱县美郎—亚进重晶石矿普查（110000011）项目形成的 ZK101、ZK504 岩心（见附表）为国家Ⅰ类实物地质资料，为方便就近开展服务，请贵单位按照按照国土资源部有关要求保管并做好服务工作，并上报相关材料（见附表 2、3、4）。国土资源实物地质资料中心将按照有关要求开展技术支撑和年度督察工作，并于每年底对相关情况进行通报。

　　附表：国家Ⅰ类实物地质资料移交清单

国土资源实物地质资料中心

2015 年 6 月 5 日

图 3.8　国家Ⅰ类实物地质资料委托保管通知书（样式）

Ⅰ类岩心保管到省级馆后，由国家馆向省级馆颁发《国家Ⅰ类实物地质资料证书》（图 3.9）。保管有Ⅰ类实物地质资料的单位，应向国家馆报送本单位Ⅰ类实物地质资料管理服务情况半年报和年报，主要分为保管、服务、管理人员及库房和其他情况四个部分编写，具体如下。

（1）保管情况

馆藏国家Ⅰ类实物地质资料的种类、数量、保管状态等。

（2）服务情况

服务情况包括资料服务情况与开发利用情况（表 3.7），其中资料服务情况包括服务方式、服务范围、服务资料数量、服务对象等。

国家Ⅰ类实物地质资料证书

四川省国土资源资料馆：

　　经筛选，贵州省天柱县美郎—亚进重晶石矿普查项目形成的 ZK101、ZK504 孔岩心具有较高的保管和利用价值，为国家Ⅰ类实物地质资料，现将两个钻孔全孔岩心保管在贵单位，请严格按要求保管并做好服务工作。

国土资源实物地质资料中心

2015 年 6 月 10 日

图 3.9　国家Ⅰ类实物地质资料证书（样式）

表 3.7　×××馆国家Ⅰ类实物地质资料服务情况统计表

序号	服务方式	服务对象	利用目的	所用资料数量	提供服务日期	备注

注：服务方式填写"观察、取样、测试分析"等

（3）管理人员及库房情况

本馆负责实物地质资料管理与保管的人员数量，库房设施设备建设与维护情况，重点总结新建库房、新进设备、编制标准规范、系统建设等情况。

（4）其他情况

其他未尽事项。

7. 汇交人汇交Ⅰ、Ⅱ类实物地质资料

汇交人接收到省级馆下达的《实物地质资料汇交通知书》后，挑选出通知书中标明的Ⅰ、Ⅱ类实物地质资料，按照馆藏机构提供的技术要求进行必要的整理、整饰与包装、固定，由馆藏机构运输到确定的保管地点入库保管。至此，实物地质资料整个汇交程序结束，由省级馆统一向汇交人出具《实物地质资料移交清单》（表 3.8），待成果、原始地质资料均验收合格后，可获得《地质资料汇交凭证》。

8. 汇交人筛选Ⅲ类实物地质资料

汇交人参照《实物地质资料分类要求》，结合下一步矿产资源勘查开发、地质科学研究工作等的需要，从剩余的实物地质资料中，筛选出需要进一步妥善保管的Ⅲ类实物地质资料。有条件的入库保管，条件差的，要按照规定的技术方法进行埋藏保管。埋藏保管也是一种有效的保管方式，按照技术方法埋藏的实物地质资料，在短期内（5 年左右）挖掘出来可以恢复原来的次序，并提供利用。

无论是入库保管（表 3.9），还是埋藏保管（表 3.10），均需要向省级馆进行备案，备案方法及表格格式如下。

表 3.8　实物地质资料移交清单（填写范例）

实物地质资料移交清单

黔实资移〔2015〕001 号

项目名称	贵州省天柱县美郎—亚进重晶石矿			
项目编号或探（采）矿权许可证号	110000011			
汇交人联系方式	通信地址：贵阳市××区××号		邮政编码	123456
	移交人：张三	联系电话：123456	电子信箱	123456
序号	资料种类	资料名称	数量及单位	资料类别
1	岩心	ZK104 全孔岩心	475 米	Ⅰ类
2	岩心	ZK504 全孔岩心	495.23 米	Ⅰ类
3	岩心	ZK101 全孔岩心	329.3 米	Ⅰ类
4	岩心	ZK202 全孔岩心	222.83 米	Ⅱ类
5	岩心	ZK301 全孔岩心	301.67 米	Ⅱ类
6	岩心	ZK402 全孔岩心	353.68 米	Ⅱ类
西南能矿集团股份有限公司公章 ××××年××月××日			贵州省馆地质资料汇交管理专用章 ××××年××月××日	

注：本表一式两份，汇交人和负责接收地质资料的馆藏机构各一份。表中"资料种类"项根据移交实际情况分别填写岩心、标本、副样、岩屑或光（薄）片；"数量及单位"项的"单位"按以下规则填写："岩心"类填"米"，"标本"类填"块"，"副样"和"岩屑"类填"袋"，"光（薄）片"类填"件"；资料类别填写"Ⅰ类"或"Ⅱ类"

表 3.9　实物地质资料入库登记表（填写范例）

实物地质资料入库登记表

项目（矿区）名称：天柱县美郎—亚进重晶石矿（普查）　　　　　　　　项目编号：110000011

序号	实物地质资料编号	实物地质资料数量	资料类别	单位名称	库房编号	联系人	联系方式
1	ZK401	217.27 米	Ⅲ类	贵州省地质资源勘查开发局 101 地质大队	野外临时库	石×鹏	159××××7362
2	ZK205	157.70 米					
3	ZK1901	351.84 米					
4	ZK905	318.08 米					
5	ZK902	89 米					
6	ZK501	157.70 米			Ⅰ号库房		
7	ZK901	146.18 米					

表 3.10　实物地质资料埋藏登记表（填写范例）

实物地质资料埋藏登记表

项目（矿区）名称：天柱县美郎—亚进重晶石详查　　　　　　　　　　项目编号：110000011

序号	实物地质资料编号	实物地质资料数量	资料类别	单位名称	埋藏位置	联系人	联系方式
1	ZK103	390.33 米	Ⅲ	贵州省地质资源勘查开发局 101 地质大队	X：2996710 Y：36608381	石×鹏	159××××7362
2	ZK701	340.55 米			X：2997890 Y：36608970		

9. 汇交人妥善处置其余实物

其余实物地质资料的处置方法及报批要求，在《实物地质资料管理办法》中未作出明确规定，但汇交人应参照《地质勘查钻探岩矿心管理通则》的要求，认真组织专家进行论证、把关，尤其是需要缩减和清除的，要在本单位内部进行论证和审核，并保存审核、批准资料，向省级馆备案。

第四章　实物地质资料收集与汇聚

实物地质资料收集与汇聚的方式有很多种，包括汇交、专项采集、捐赠、交换、征集等，但最主要的方式为汇交和馆藏机构自行组织的专项采集，因此本部分主要对这两个方面的技术方法进行阐述。

一、实物地质资料汇交方法

由于《实物地质资料管理办法》尚未完成修订，因此本部分仍按照原办法中规定的内容，阐述实物地质资料汇交管理的有关政策和技术方法。在了解实物地质资料汇交技术方法之前，有必要明确以下几个问题。

问题一：什么是实物地质资料汇交？

首先，地质资料"汇交"是一种具有法律意义的行为，具有强制执行性，关于地质资料汇交工作的规定，最高可上溯到《中华人民共和国矿产资源法》，其第十四条明确规定："矿产资源勘查成果档案资料和各类矿产储量的统计资料，实行统一的管理制度，按照国务院规定汇交或者填报"，第二十七条明确规定："矿产资源勘查的岩矿心、测试样品和其他实物标本资料，应当按照有关规定保护和保存。"因此可以讲地质资料汇交是一项履行法定义务的行为，体现的是"勘查、开采矿产资源"的权利与"汇交资料"的义务的统一。实物地质资料是地质资料的重要组成部分，其汇交也是地质资料汇交的重要方面，是指将地质工作中形成的岩心、标本、光（薄）片、副样等实物，按照相关法律法规规定，依法向国土资源主管部门报告、移交的过程。

问题二：实物地质资料的权属？

实物地质资料在权属上是属于国家所有，与产生资料项目的资金来源、性质等没有关系。实际工作中经常遇到这种情况，对于国家出资开展的地质工作项目，其产生的实物地质资料属于国家往往没有问题；但对于社会资金投资开展的地质工作项目，出资方往往认为资料归其所有。根据《地质资料管理条例》（国务院令第349号），凡是在中华人民共和国领域及管辖的其他海域从事矿产资源勘查开发或其他地质工作项目的，其产生的实物地质资料均归国家所有，需要向国家汇交。因此，实物地质资料在权属上不属于任何单位或个人，是重要的国家资产，应依法向国家汇交，由国土资源主管部门代表国家进行管理。

问题三：谁是实物地质资料汇交人？

《地质资料管理条例》第七条规定："在中华人民共和国领域及管辖的其他海域从事矿产资源勘查开发的探矿权人或者采矿权人，为地质资料汇交人；在中华人民共和国领域及管辖的其他海域从事前款规定以外地质工作项目的，其出资人为地质资料汇交人；但是，由国家出资的，承担有关地质工作项目的单位为地质资料汇交人"。《地质资料管理条例实施办法》（国土资源部令第16号）对中外合资的项目、矿业权、境外开展的项目等情况进行了具体规定，详细见表4.1。

表4.1 汇交项目类别一览表

序号	项目类别	汇交人
1	矿业权项目	矿业权人
2	国家出资地质工作项目	承担单位
3	社会出资地质工作项目	出资人
4	两个以上出资人共同出资的地质工作项目	出资各方承担连带责任
5	中外合作地质工作项目	中方为汇交人，外方承担连带责任

对于国内单位在境外开展地质工作项目的，《地质资料管理条例》第二十五条规定："由国家出资在中华人民共和国领域及管辖的其他海域以外从事地质工作所取得的地质资料的汇交，参照本条例执行"。因此，原则上也是需要向国家汇交实物地质资料的，但考虑到实物地质资料的汇交受项目所在国法律、出入境管理、运输成本等因素限制，因此，不宜做统一强制性规定。建议境外项目首先要统一汇交实物地质资料目录，有汇交条件的，可汇交实物地质资料。

问题四：向谁汇交实物地质资料？

根据《实物地质资料管理办法》（国土资发〔2008〕8号）的规定，实物地质资料实行两级汇交，全国范围内最重要的，最具有典型性、代表性、特殊性的实物地质资料要向国土资源部汇交，其余有重要利用价值的向省级国土资源主管部门汇交，具体汇交对象见表4.2。

表4.2 汇交对象及类别一览表

汇交对象	项目类别
仅向国土资源部汇交	①科学钻探、大洋调查、极地考察、航天考察等国家重大调查项目和科研项目的实物地质资料； ②国家重大工程、标志性建筑的实物地质资料； ③石油、天然气、煤层气和放射性矿产的实物地质资料（由国土资源部委托相关单位保管）； ④中央财政安排的项目形成的实物地质资料
分别向国土资源部和省级国土资源主管部门汇交	前款规定以外的实物地质资料，由汇交人向国土资源部和地质工作项目所在地的省、自治区国土资源厅（或直辖市国土资源局）汇交。例如，矿业权项目、省基金项目和社会出资的地质工作项目等

问题五：哪些实物地质资料需要汇交？

实物地质资料具有数量大、重量大、体积大等特点，其运输和保管成本均较高。我国地域辽阔，实物地质资料极其丰富、数量繁多。这些实物地质资料如果全部汇交，势必给馆藏机构造成巨大负担，既不可能，也没有必要。因此实物地质资料在汇交过程中，需要综合考虑实物地质资料的档案价值、利用价值、稀缺程度和获取难易程度等，对实物地质资料进行筛选，选择其中重要的，有代表性的和重复利用价值大的实物地质资料向国家汇交；而对于经筛选无需汇交的实物地质资料，仅需将其目录信息向国家汇交（图4.1）。

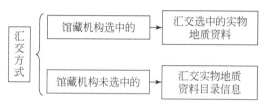

图4.1　汇交方式流程

二、实物地质资料汇交流程

实物地质资料汇交工作的流程如图4.2所示。

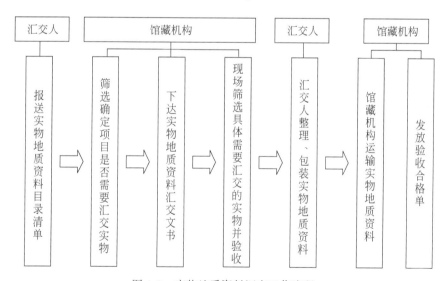

图4.2　实物地质资料汇交工作流程

（一）报送实物地质资料目录清单

实物地质资料目录清单的报送标志着实物地质资料汇交程序的启动。

1. 目录清单报送人

汇交人为实物地质资料目录清单报送人。

2. 报送时间

根据《实物地质资料管理办法》第七条的规定，汇交人应在野外地质工作结束之后，汇交成果地质资料之前，向馆藏机构报送实物地质资料目录清单，因此实物地质资料汇交程序的启动时间和成果、原始地质资料相比是前置的。主要原因是实物地质资料汇交程序较为复杂，需要馆藏机构筛选、野外验收、整理、包装和运输等，完成整个汇交程序耗费的时间也较长，提前报送实物地质资料目录清单，便于汇交人及时完成实物地质资料汇交工作，尽快取得《地质资料汇交凭证》。一般来说，建议汇交人在完成实物地质资料的样品取样测试完成后，即可上报清单。

3. 报送途径

实物地质资料目录清单的报送途径分为"线上"和"线下"两种。线上为利用"地质资料汇交监管平台"报送，线下为将纸质盖章版的清单邮寄至相关的馆藏机构。线上报送的效率高，操作简单，节省时间，因此建议汇交人在地质资料汇交监管平台中注册账号、密码，直接将实物地质资料目录清单导入平台，由平台自动发送给相关的馆藏机构进行筛选。

（1）线上报送

汇交人可通过地质资料汇交监管平台，申请账号和密码，账号密码申请成功后，即可登录平台，直接将填写好的电子版目录清单导入到系统中。

（2）线下报送

线下报送建议避免使用平信、挂号信等，选择正规的快递公司，既可节约时间，又增加了邮寄过程中的安全性。按照馆藏机构提供的地址邮寄。邮寄对象见表4.3。

表4.3　汇交和邮寄对象

汇交对象	邮寄对象
仅向国土资源部汇交的项目	国土资源实物地质资料中心
分别向国土资源部和省级国土资源主管部门汇交的项目	国土资源实物地质资料中心和项目所在地的省级实物地质资料馆藏机构

4. 实物地质资料目录清单的填报要点

正确填报实物地质资料目录清单有利于馆藏机构顺利准确、及时地筛选实物地质资料，确保筛选结果的合理性。实物地质资料目录清单的最新格式见《地质资料汇交监管平台建设工作方案》（国土资发〔2011〕78号附件3-1）。主要分为以下几个部分，其填写要点如下。

（1）项目基本信息

第一部分格式见表4.4，其中"项目名称"填写项目立项设计确定的全称；"项目来源"根据项目的实际资金渠道进行填写。"所在行政区名称"填写项目工作区所在的行政区信息，无明确行政区的项目可不填写。

表 4.4 项目基本信息

项目名称	项目信息		
项目来源	□中央财政安排项目	□地方财政安排项目	□其他资金安排项目
所在行政区名称	省（区、市）	市（地）	县（市）

（2）汇交人基本信息

第二部分格式见表 4.5，其中"汇交人"非自然人，也非汇交实物地质资料的联系人，为汇交单位，填写单位的全称；"汇交人联系方式"要填写联系人的常用联系方式，便于馆藏机构和汇交人进行联络。

表 4.5 汇交人联系方式表格

汇交人	汇交人信息		
汇交人联系方式	通信地址：		邮政编码：
	联系人：	联系电话：	电子信箱：

填表人： 年 月 日

（3）工作区地理及地质背景信息

"工作区地理位置"填写工作区在经度和纬度上最大范围的经纬度信息；"工作性质"根据项目性质进行选填；"比例尺"为区域地质调查、区域地球化学调查、区域地球物理调查类项目必填项，其他项目可不填写；"工作阶段"为矿产勘查类项目必填项，其他项目可不填写；"大地构造位置"按照潘桂棠于 2009 年所著《中国大地构造单元划分》的分级分区标准（一级分区、二级分区、三级分区）填写，填写至三级分区，如"锡林浩特岩浆岩弧"；"成矿带"按照陈毓川于 2006 年所著《中国成矿区（带）的划分》的分级标准填写（一级为"成矿域"，二级为"成矿省"，三级为"成矿区带"），如"阿尔金早古生代铜金石棉成矿带"；"主要矿种"按照矿床实际情况填写，多矿种的填写前三种主要的矿种；"成因类型"按照矿床实际成因类型填写，复合成因类型的，填写前三种主要的成因类型；"成矿时代"填写矿床主要的成矿时代（表 4.6）。

表 4.6 项目工作区域情况表格

工作区地理位置	经度： 度 分 秒 至 度 分 秒		纬度： 度 分 秒 至 度 分 秒	
工作性质	□区调 □矿产 □海洋 □水工环 □科研 □其他			
工作程度	比例尺：□小于1：100万 □1：100万 □1：50万 □1：25万 □1：20万 □1：10万 □1：5万 □1：2.5万 □1：1万 □大于1：1万			
	工作阶段：□预查 □普查 □详查 □勘探 □开发			
地质简况	大地构造位置：（填至三级）			
	成矿带：（填至三级）			
	主要矿种：	成因类型：		成矿时代：

（4）主要成果简述

该部分为馆藏机构筛选确定项目是否需要汇交实物地质资料的重要依据，汇交人在填报过程中要详细编写，要介绍清楚项目的工作成果且有条理性。其中，区调类项目要填写"矿化、矿点的发现情况"，"地层、岩浆岩、构造、古生物等方面解决的问题、新的发现"等内容，如"本项目解决了×××重要的（或有争议的）地质问题，本项目建立了××组和××地层新的划分标准，本项目发现了××新的古生物化石等"，要客观、完整的填写（表4.7）。

表4.7　项目成果表格

主要成果简述	区调项目	
	矿产勘查类项目	预查、普查类：□见矿情况好　□见矿情况一般　□未见矿 详查、勘探类：□找矿成果突出　□找矿成果较好　□找矿成果一般　□无找矿成果 开发类（储量规模）：□小型　□中型　□大型
	地质科学研究及其他项目	简要介绍项目成果

对于预查、普查类项目，筛选时主要的考量依据为矿产资源的发现情况，预查、普查类项目，见到矿体或找矿信息（异常）显著的，进一步勘探价值大的，可勾选"见矿情况好"；未见到明显矿体但找矿信息显示有进一步勘探价值的，但具有找矿前景的，可勾选"见矿情况一般"；找矿信息不显著，无进一步勘探价值的，勾选"未见矿"。

对于详查、勘探类项目，经计算，新增储量规模达到"大型"的，勾选"找矿成果突出"；新增储量规模达中型的，勾选"找矿成果较好"；新增储量规模达小型的，勾选"找矿成果一般"；新增储量少，达不到小型规模的，勾选"无找矿成果"。

矿产资源开发类项目，根据累计资源储量的实际规模填写"小型、中型或大型"。

地质科学研究类项目，根据项目目标任务完成情况，选择几项重要的工作成果进行填写。

（5）实物产生情况

统计项目实物产生的数量，"岩矿心"填写钻孔孔数、总进尺数、总取心米数和岩屑袋数；"标本"填写总块数；"样品或副样"填写总袋数，"光片"和"薄片"填写总件数。其中，无实物工作量的项目，本部分填写为"0"，并在备注中说明（表4.8）。

表4.8　实物数量表格

实物数量	岩矿心：	孔，总进尺　　米，取心　　米，岩屑　　袋。	
	标本：　　块		样品（副样）：　　袋
	光片：　　件		薄片：　　件
	其他：		

（6）汇交人签章及备注

汇交人签章为汇交单位的正式公章，需要特殊说明的事项，在备注中填写（表4.9）。

表4.9　汇交签章及备注表格

	备注：
汇交人盖章 　年　月　日	

（7）附表

有实物工作量的项目，还应填写附表（表4.10）。

有钻探工作量的项目，还应填写《实物钻探工作量》（表4.10），项目产生的所有钻孔的信息，都应填写到表中，馆藏机构会根据项目立项设计、任务书等核查该表，并将该表在地质资料汇交监管平台上公示，汇交人要注意避免漏填、错填。

表4.10　实物钻探工作量（填写范例）

序号	钻孔名称	钻孔位置		总进尺（米）	取心数量（米）	岩屑（袋）	见矿深度范围（米）	备注
		经度	纬度					
1	ZK001	××°××′××″	××°××′××″	371.50	365.50	0	351.00～365.30	现存放于第一岩心库

区调类项目，还应填写《区调类项目实物工作量》表4.11。

表4.11　区调类项目实物工作量填写范例

序号	图幅名称	实测剖面名称	标本数量（块）	光片数量（件）	薄片数量（件）	重要发现	副样数量（袋）	备注
1	1：25万鲸鱼湖/木孜塔格幅	新疆且末县长城系石花山岩组Ⅰ号实测地质剖面	521	300	200		50	

将以上几项全部填写完毕，一份完整的实物地质资料目录清单已经填写完成（表4.12和表4.13）。

表 4.12　实物地质资料目录清单（表一）填写范例

项目名称	吉林油页岩资源调查评价		
项目来源	☑中央财政安排项目　　□地方财政安排项目　　□其他资金安排项目		
所在行政区名称	吉林省全省		
汇交人	吉林省地质调查院		
汇交人联系方式	通信地址：××省××市××县		邮政编码：123456
	联系人：温志良　联系电话：×××-××××××××		电子信箱：×××@××.com
工作区地理位置	经度：××°××′××″　　××°××′××″		纬度：××°××′××″　　××°××′××″
工作性质	□区调　　☑矿产　　□海洋　　□水工环　　□科研　　□其他		
工作程度	比例尺：□小于1：100万　　□1：100万　　□1：50万　　□1：25万 □1：20万　　☑1：10万　　□1：5万　　□1：2.5万 □1：1万　　□大于1：1万 工作阶段：□预查　　□普查　　☑详查　　□勘探　　□开发		
地质简况	吉林省已知油页岩盆地数十处，均为中新生代盆地，含矿层位主要为侏罗纪、白垩纪和古近纪，油页岩的形成与吉林省的大地构造位置密切相关，超大型油页岩矿多产于北部槽区一侧		
主要成果简述	基本查明吉林省含油页岩盆地的时空分布特征，总结了油页岩分布规律；对吉林省油页岩含矿层及油页岩资源做出了概略评价。在综合研究的基础上提出了国内油页岩勘查的技术方法和技术要求		
实物数量 （详见表二、表三）	施工钻孔：13孔，总进尺：6044.26米，取心4835.41米，岩屑0袋		
	岩心化学分析采样：3206（搜集1649）		小体重采样：　　件
	其他采样：　　件		
	备注： 说明：表中属于选项栏的，只需在方框□中打"√"，所有项目均应填报此表		

填表人：李运泉　　　　　　　　　　　　　　　　　　　　　　　2013年6月

表 4.13　实物地质资料目录清单（表二）填写范例

序号	项目名称	钻孔名称	钻孔位置		总进尺（米）	取心（米）	见矿迄止深度（米）	现存状况	备注
			经度	纬度					
1	吉林油页岩资源调查评价	ZK801	××°××′××″	××°××′××″	371.50	278.35	未见矿	农安岩心库	
2		ZK802	××°××′××″	××°××′××″	359.50	315.12	296.50～301.50		
3		ZK7001	××°××′××″	××°××′××″	696.00	582.48	634.57～641.66		
4		ZK10201	××°××′××″	××°××′××″	651.65	559.93	172.00～181.00		
5		ZK13401	××°××′××″	××°××′××″	510.40	388.53	未见矿		
6		ZK16601	××°××′××″	××°××′××″	233.95	178.22	未见矿		

序号	项目名称	钻孔名称	钻孔位置		总进尺（米）	取心（米）	见矿迄止深度（米）	现存状况	备注
			经度	纬度					
7	吉林油页岩资源调查评价	ZK0001	××°××′××″	××°××′××″	413.50	321.48	328.15～330.15	九台岩心库	
8		ZK1101	××°××′××″	××°××′××″	289.40	207.31	156.00～255.50		
9		ZK0002	××°××′××″	××°××′××″	280.00	196.80	未见矿		
10		ZK1502	××°××′××″	××°××′××″	680.29	541.44	未见矿		
11		ZK3901	××°××′××″	××°××′××″	568.75	504.63	未见矿		
12		ZK1512	××°××′××″	××°××′××″	447.10	341.09	未见矿		
13		ZK1108	××°××′××″	××°××′××″	542.22	420.04	458.27～459.07		
					6044.26	4835.41			

注：有钻探工程的项目除填报表一外，还应填报此表

（二）筛选确定项目是否需要汇交实物

国家和省级实物地质资料馆藏机构根据《实物地质资料分类筛选要求》（《国土资源部办公厅关于进一步加强实物地质资料管理的通知》附件2），综合考虑实物地质资料的档案价值、利用价值、稀缺程度和获取难易程度等，并结合馆藏资源现状和库房保管的努力，筛选确定需要向国土资源部汇交的Ⅰ类实物地质资料和应向省级国土资源主管部门汇交的Ⅱ类实物地质资料。具体程序如图4.3所示。

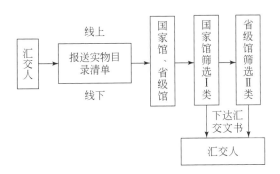

图4.3 实物地质资料汇交流程

实物地质资料目录清单筛选的顺序为国家馆先筛选Ⅰ类实物地质资料，筛选后将筛选结果反馈相关省级馆，省级馆根据实物地质资料目录清单及其他筛选因素，在国家馆筛选Ⅰ类实物地质资料的基础之上，筛选确定Ⅱ类实物地质资料。

对于按照《实物地质资料管理办法》中的规定，仅需向国土资源部汇交实物地质资料的项目，如中央财政出资安排的地质工作项目，考虑到其产生的实物地质资料中也包含Ⅱ类实物地质资料，因此，在《国土资源部办公厅关于进一步加强实物地质资料管理的通知》中规定，省级馆也可在这类项目中筛选确定Ⅱ类实物地质资料，由省级国土资源主管部门代国土资源部进行接收和保管。

对于石油、天然气、放射性矿产实物地质资料，由国土资源部实行"委托保管"，由

受委托保管单位代表国土资源部进行筛选。

实物地质资料分类筛选的标准和步骤如下（表4.14）：

Ⅰ类是指能够反映全国或区域地质现象或重大地质工作成果，具有全国代表性、典型性、特殊性的实物地质资料；Ⅱ类是指能够反映本省（区、市）主要地质工作成果，具有本省（区、市）代表性、典型性、特殊性的实物地质资料；Ⅲ类是指除国家级和省级实物地质资料外，对于地质工作具有一定重复利用价值的实物地质资料。

表4.14　实物地质资料分类方法示意表

分类	区调类	矿产勘查类	水文地质类	工程地质类	环境地质类	海洋地质类	地质研究类
Ⅰ	Ⅰ-1	Ⅰ-2	无	无	无	Ⅰ-3	Ⅰ-4
Ⅱ	Ⅱ-1	Ⅱ-2	Ⅱ-3	Ⅱ-4	Ⅱ-5	Ⅱ-6	Ⅱ-7
Ⅲ	Ⅲ-1	Ⅲ-2	Ⅲ-3	Ⅲ-4	Ⅲ-5	Ⅲ-6	Ⅲ-7

1. Ⅰ类实物地质资料

（1）Ⅰ-1

产自层型剖面上的标本、样品、光（薄）片等。包括：①产自全球界限层型剖面和全球辅助层型剖面上的标本、样品、光（薄）片等；②产自年代地层主要断代建阶层型剖面上的标本、样品、光（薄）片等；③产自岩石地层"组"级层型剖面上的标本、样品、光（薄）片等。

国家重大地质调查项目代表性主干剖面上的系列标本和光（薄）片。

有重大成果或发现的区域地质调查项目代表性主干剖面上的系列标本和光（薄）片。

工作区位于空白区或工作程度较低区域、重要成矿（区）带、重要经济区、城市中心区域和自然保护区、地质公园和著名地质遗迹等未来难以开展地质工作区域的区域地质调查项目代表性主干剖面上的系列标本和光（薄）片。

比例尺小于或等于1∶5万的区域地球化学调查副样。

（2）Ⅰ-2

重要矿种的超大型、大型矿床反映矿床地质特征的主勘查线上的代表性钻孔岩心。代表性钻孔要满足以下条件：①控制主要矿体，兼顾次要矿体；②反映矿区内主要成矿地质特征，包括主要矿石类型、地层、岩体、蚀变、构造现象等。

岩心保管情况良好，相关资料完整。

新矿床成因类型、新矿种、典型矿床等具有特殊意义的矿床主勘查线上的代表性钻孔岩（矿）心。代表性钻孔要求如上。

矿区勘查工作形成的深孔（大于2000米）岩心。

油气资源勘查、评价工作产生的实物地质资料。

（3）Ⅰ-3

海洋区域地质调查项目产生的钻孔岩心（岩屑）。

海岸带综合地质调查项目产生的代表性钻孔岩心（岩屑）。

远洋、深海中形成的实物地质资料。

（4）Ⅰ-4

科学钻探、极地考察、天体地质、深部地质及国家重大地质研究专项等产生的实物地质资料，包括岩心（岩屑）、软泥、冰心及各类标本、样品等。

地质科学研究产生的具有特殊意义、重大研究价值或采于特殊生物群的各类古生物化石标本等，包括：①按照《国家古生物化石分级标准（试行）》，属于重点保护古生物化石且列入《国家重点保护古生物化石名录（首批）》的古生物化石的标本；②重要古生物化石的模式标本；③新发现的门类种属或存在重大争议的古生物化石标本；④反映生命演化过程和生物演化巨变事件的含有特殊生物群的地层剖面上的标本、样品、光（薄）片。

在研究地球结构构造、形成演化、地壳运动、成矿作用、成矿模式等方面有重要发现的岩心、岩屑、标本、样品等。

2. Ⅱ类实物地质资料

（1）Ⅱ-1

本省（区、市）内主要区域地质调查项目控制性、典型性剖面上的标本、光（薄）片及布置的钻孔产生的岩心。

本省（区、市）内有特殊意义的地层、沉积建造剖面上的标本、样品、光（薄）片等。

对地层划分有较重要意义且争议较大的地层、沉积剖面上的标本、样品、光（薄）片等。

比例尺大于1∶5万的区域地球化学调查副样。

区域地球物理调查形成的标本。

（2）Ⅱ-2

本省（区、市）内重要矿种的超大型、大型、中型矿床主勘查线上的钻孔岩（矿）心；其余重要勘查线上的代表性钻孔岩（矿）心等。代表性钻孔的要求如上。

本省（区、市）内优势矿种、特有矿种、特有成因类型等具有特殊意义的矿床主勘查线上的钻孔岩（矿）心；其余重要勘查线上的代表性钻孔岩（矿）心等。代表性钻孔要求如上。

（3）Ⅱ-3

海岸带、浅海开展地质工作产生的代表性实物地质资料。

（4）Ⅱ-4

大型地下水源地水文地质勘查代表性钻孔岩心（岩屑），严重缺水地区水文地质勘查代表性钻孔岩心（岩屑）。

具有重要水文地质意义的含水层（组）或含水构造带（岩溶发育带、断裂破碎带、裂隙密集发育带等）的代表性钻孔岩心（岩屑）。

重要地热资源勘查代表性或深孔岩心（岩屑）。

（5）Ⅱ-5

重大工程、标志性建筑工程地质勘查形成的深孔、特殊孔钻孔岩心（岩屑）。

海洋工程地质勘察（查）形成的钻孔岩心（岩屑）、柱状样等。

以工程地质勘查为主的省（区、市），如北京市、上海市、天津市、重庆市等，工程地质类实物地质资料是省级馆的主要收集和保管对象，可适当扩大工程地质Ⅱ类实物地质资料的范围。

（6）Ⅱ-6

城市及重要经济区、海岸带地质环境调查评价代表性钻孔岩心（岩屑）。

反映重大地质环境演化及环境事件，具有重要对比意义的钻孔岩心（岩屑）、标本、样品等。

有代表性的地面沉降勘查基岩标、分层标钻孔岩心（岩屑）。

大型滑坡、危岩、泥石流勘查防治工程钻孔岩心（岩屑）。

（7）Ⅱ-7

第四纪地质、火山地质、冰川地质等产生的岩心、标本、样品等。

反映大型构造带特征及形成演化的典型标本。

地质科学研究产生的一般性古生物化石标本。

3.Ⅲ类实物地质资料

（1）Ⅲ-1

区调图幅剖面上和地质点上的标本、样品和光（薄）片等。

（2）Ⅲ-2

矿区边部、外围或勘查程度较低区域的钻孔岩（矿）心、标本、光（薄）片，基本分析样的副样，钻孔化探分析样副样。

工业远景不明、未进行综合评价、矿石组分复杂、选冶性能差等矿区的钻孔岩（矿）心、标本、光（薄）片，基本分析样的副样，钻孔化探分析样副样。

矿床成因类型有争议、可回收伴生组分未查明或存在其他原因、问题的矿区的钻孔岩（矿）心、标本、光（薄）片，基本分析样的副样，钻孔化探分析样副样。

（3）Ⅲ-3

海岸带、浅海开展地质工作产生的一般性实物地质资料。

（4）Ⅲ-4

区域水文地质调查、地下水资源勘查、矿区水文地质勘查的钻孔岩心（岩屑）等。

（5）Ⅲ-5

具有区域性工程地质条件对比或科学意义的工程地质勘查的钻孔岩心（岩屑）等。

（6）Ⅲ-6

反映一般地质环境演化及一般环境事件的钻孔岩心（岩屑）等。

（7）Ⅲ-7

除地质科学研究产生的Ⅰ、Ⅱ类实物地质资料以外的实物地质资料均可定为Ⅲ类实物地质资料。

4.范例

以"贵州省天柱县美郎—亚进重晶石矿普查项目"为例。该项目为社会资金项目，出资人即矿业权人为西南能矿集团股份有限公司，勘查单位为贵州省地质资源勘查开发局101地质大队。该项目实物工作量为15个钻孔（表4.15），总进尺4697.079米，取心4211.33米。项目找矿成果好，共探明重晶石（333+334）资源量1000多万吨，达到大型规模，此外项目所在矿床总储量已超过2亿吨，为国内最大的重晶石矿床。

表 4.15 项目实物地质资料目录

序号	钻孔名称	钻孔位置		总进尺（米）	取心数量（米）	见矿深度范围（米）
		X	Y			
1	ZK504	2997363	36608831	539.43	495.23	424~425
2	ZK401	2996608	36606765	241	217.27	137~140
3	ZK205	2996889	36607140	167.54	157.70	88~90
4	ZK1901	3000816	36609709	420.39	351.84	387.39~402.04
5	ZK104	2996598	36608474	511.428	475	488.27~489.25
6	ZK501	2998059	36608089	192.10	157.70	101.70~103.70
7	ZK101	2997636	36607448	329.30	288.35	281.60~283.00
8	ZK905	2998031	36609269	329.75	318.08	261.45~266.35
9	ZK901	2998727	36608570	175.75	146.18	108.42~109.84
10	ZK402	2996320	36607080	353.65	330.55	100~102
11	ZK202	2996620	36607430	222.83	175	60~62
12	ZK103	2996710	36608381	413.091	390.33	220~221
13	ZK301	2997210	36608480	301.67	278.55	186~187
14	ZK701	2997890	36608970	397.94	340.55	295~296
15	ZK902	2998410	36608990	101.21	89	未见矿

国家馆筛选Ⅰ类实物地质资料：项目类别为矿产勘查类项目，因此分类应遵循矿产勘查类实物地质资料分类方法，首先，国家馆根据实物地质资料目录清单及实物地质自资料分类标准，筛选确定Ⅰ类实物地质资料（表4.16）。对于通过实物地质资料目录清单，可直接确定Ⅰ类实物地质资料的，馆藏机构无需赴野外现场；对于通过实物地质资料目录清单，无法确定Ⅰ类实物地质资料的，馆藏机构可通过赴野外现场查看原始地质资料、实物保管情况的确定。但要注意实物地质资料目录清单的处理时限，国家馆为接收到清单之日起15个工作日，省级馆为接收到清单之日起30个工作日。

表 4.16 Ⅰ类实物地质资料目录

序号	资料级别	资料种类	资料名称	资料数量	入选依据	保管单位
1	Ⅰ类	岩矿心	ZK104	475 米	矿区主勘查线上代表性钻孔，控制主要矿体	国家馆
2	Ⅰ类	岩矿心	ZK504	495.23 米	矿区最深孔，分别控制了重晶石和铅锌矿，属于控制主要矿体、兼顾次要矿体钻孔，控制地层最齐全	国家馆
3	Ⅰ类	岩矿心	ZK101	329.3 米	主勘查线上代表性钻孔，控制主要矿体，控制地层较全	省级馆

省级馆筛选Ⅱ类实物地质资料：省级馆根据《实物地质资料目录清单》《实物地质资

料分类筛选要求》及国家馆筛选结果，筛选确定Ⅱ类实物地质资料（表4.17）。

表4.17　Ⅱ类实物地质资料目录

序号	资料级别	资料种类	资料名称	资料数量	入选依据	保管单位
1	Ⅱ类	岩矿心	ZK202	222.83米	本省（区、市）内的主要大型矿床，分别控制重晶石、铅锌矿体，铅锌矿效果好	省级馆
2	Ⅱ类	岩矿心	ZK301	301.67米	本省（区、市）内的主要大型矿床，控制重晶石矿体中部，重晶石见矿效果好	省级馆
3	Ⅱ类	岩矿心	ZK402	353.68米	本省（区、市）内的主要大型矿床，控制重晶石矿体，重晶石见矿效果好	省级馆

地勘单位筛选Ⅲ类实物地质资料：地勘单位代汇交人进行筛选，根据国家馆、省级馆的筛选结果及《实物地质资料分类筛选要求》，由于矿区处于普查阶段，工作程度低，同时铅锌矿体为下一步具有良好找矿潜力的矿体，属于"工业远景不明、未进行综合评价"的情况，因此，剩余岩心统一定为Ⅲ类。

（三）下达实物地质资料汇交文书

国家馆和省级馆将筛选结果以汇交文书的形式下达给汇交人。对于经筛选，有需要汇交的实物地质资料的（Ⅰ类、Ⅱ类），向汇交人下达《实物地质资料汇交通知书》，对于经筛选，没有需要汇交的实物地质资料的，向汇交人下达《实物地质资料目录清单回执》（图4.4）。

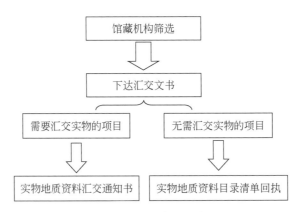

图4.4　汇交文书下达流程

下达汇交文书的两种方式：一种是谁筛选，谁下达，如国家馆筛选完成后，由国家馆下达反映本馆筛选结果的汇交文书；省级馆筛选完成后，由省级馆下达反映本馆筛选结果的汇交文书；其中，国家馆下达时限为自接收到汇交人报送的目录清单的15个工作日内，省级馆下达的时限为自接收到汇交人报送的目录清单的30个工作日内。

另一种是由省级馆统一下达汇交文书，省级馆汇总国家馆和省级馆的筛选结果，统一下达给汇交人。地质工作项目在哪个省，由哪个省下达，对于跨行政区或无明确行政区的项目，由国家馆统一下达或指定相关省级馆统一下达。下达时限为自接收到汇交人报送的目录清单的 30 日内。

　　由于在这个筛选阶段，大多仅能够确定项目是否需要汇交实物地质资料，具体需要汇交哪些往往需要馆藏机构到野外现场，结合项目成果、原始地质资料、实物产生与保管情况等才能确定。因此，在汇交通知书中，可不必确定具体需要汇交实物地质资料的名录（图4.5）。

中 华 人 民 共 和 国 国 土 资 源 部　　　　中 华 人 民 共 和 国 国 土 资 源 部

国土实汇通〔2008〕005 号

实物地质资料目录清单回执

国土实回执〔2008〕2 号

实物地质资料汇交通知书

陕西省地质调查院：

　　你单位报送的《陕西南郑县马元－白玉铅锌矿资源评价》项目的实物地质资料目录清单已经收到，根据《实物地质资料管理办法》的有关规定，初步确定该项目部分重要的实物地质资料应向国土资源部汇交，实物地质资料中心近期将到你单位进行现场筛选和接收，具体时间另行通知，你单位在接到本通知后，做好资料汇交准备工作。

　　联系人：　　　　　　　　　　　　　　　
　　　　　　　　　　　　　　　　　　
　　传　真：　　　　　　　　　　　　　
　　电子信箱：　　　　　　　　　　　

中国冶金地质总局第三地质勘查院：

　　你单位报送的《内蒙古新巴尔虎右旗达斯呼都格一带铅锌多金属调查》项目的实物地质资料目录清单已经收到，经筛选该项目实物地质资料不需向国土资源部汇交，但应按《实物地质资料管理办法》的有关规定妥善保管。

二〇〇八年十二月五日

二〇〇八年十月二十九日

图 4.5　实物地质资料汇交通知书及清单回执范例

（四）现场筛选具体需要汇交的实物并验收

　　下达汇交文书后，对于需要汇交实物地质资料的项目，由馆藏机构安排人员赴项目工作区所在地进行实地筛选，确定具体需要汇交的实物地质资料名录，并直接在野外现场进行验收，主要完成以下工作。

　　1. 馆藏机构的工作

　　馆藏机构的工作内容主要如下：

　　1）与汇交人联络，沟通野外筛选与验收的日期、行程安排等；

　　2）查看项目的原始地质资料，包括项目地质背景资料、成果介绍资料及相关的图件等，初步确定汇交名录；

　　3）在野外现场查看汇交名录中的实物地质资料的保管状况，包括实物的完整性、有序性，标识的完整性、清晰性，实物装具的完好程度等，确定室内选中的实物地质资料是否符合汇交要求，这也是实物地质资料野外验收的主要工作；

　　4）对于经验收，可以汇交的实物地质资料，通知汇交人准备汇交；对于经验收，保管状况较差，无法汇交实物地质资料的，通知汇交人进行整改、补救；对选中的实物地质资料进行更替。

2. 汇交人的主要任务

汇交人的主要任务如下：

1）按照馆藏机构的要求，准备实物地质资料筛选需要的各类原始与成果地质资料；

2）向馆藏机构筛选人员详细介绍项目基本情况、主要工作进展、实物产生与保管情况等；

3）协助馆藏机构人员进行野外筛选与验收工作；

4）学习实物地质资料的整理、包装事宜。

与成果和原始地质资料的验收不同，实物地质资料的验收具有以下三个特点（表4.18）。

表 4.18　实物与成果地质资料特点对比

序号	不同点	实物地质资料验收	成果地质资料验收
1	验收时间	项目野外地质工作结束后即可验收	结题后方可验收
2	验收地点	项目野外实物保管现场	馆藏机构
3	验收内容	实物本身及配套的相关资料	成果报告

由于实物地质资料是由岩心、标本等实物本身与其相关资料共同构成的，相关资料是利用者观察、利用实物的重要参考，因此在验收内容方面，既要验收实物本身是否符合要求，同时还要验收与实物配套的相关资料是否齐全、完整。

3. 验收实物的技术要点

（1）岩心

第一，查看岩心箱码放是否整齐，岩心箱上的信息是否完整（应包含岩心箱流水号、矿区信息或项目信息、钻孔名称、回次范围和孔深范围）；第二，按照岩心箱流水号从头至尾进行检查，检查岩心箱是否有缺失，检查最后一箱岩心的终孔孔深是否与原始地质编录表或钻孔柱状图一致；第三，抽查（约20%）单箱岩心的摆放是否有序，岩心各类标识（回次号和岩心牌）是否齐全、清晰，岩心的破碎程度；第四，抽查部分回次的岩心长度是否与原始地质编录表一致；第五，查看岩心箱的完好程度，分为坚固、一般、易破损和已经破损几种情况。经过以上几个步骤，即可确定岩心是否符合汇交要求，以及整理、包装和运输过程中的要求、注意事项等（图4.6和图4.7）。

（2）标本

第一，根据标本目录或编录表，从头至尾清点所有标本，确定标本有无缺失；第二，查看标本编号、标签是否完整、清晰；第三，查看标本的坚固程度；第四，查看标本包装情况，标本箱的坚固程度。

（3）光（薄）片

第一，对照剖面登记表、岩矿鉴定报告等资料，清点所有光（薄）片，确定光（薄）片的缺失情况；第二，检查光（薄）片盒内外标签是否完整、清晰；第三，抽查部分光

图 4.6　岩心验收技术要点

图 4.7　岩心现场验收展示

（薄）片标签是否规范、清晰，光（薄）片是否破损；第四，查看光（薄）片盒是否坚固。

（4）副样

第一，对照副样目录，逐瓶（或袋）清点副样，确定副样是否缺失；第二，抽查部分副样的标签是否完整、清晰；第三，检查副样包装是否破损，副样是否被污染。

4. 验收相关资料的技术要点

不同类型的实物，其相关资料的种类要求不同，资料的要素要齐全（表 4.19）。

表 4.19　相关资料的验收技术要求一览表

实物类型	项目类型	相关资料验收要求
岩心	固体矿产勘查	验收该钻孔的原始地质编录表、钻孔柱状图、钻孔所在勘探线剖面图和工程布置图、该矿区的地质地形图
	油气资源勘查	验收入选钻井的井位图或井位部署图、勘探线剖面图、钻孔柱状图、钻孔编录资料、地质成果报告、相关测试数据资料等
	地质科学研究	验收野外编录表、钻孔柱状图和各类物化分析原始数据
	水工环	验收钻孔柱状图（或钻孔综合成果图）、实际材料图、各类工程布置平面图、所选钻孔相关的各类试验、测试、监测原始数据、测量结果数据汇总表等

实物类型	项目类型	相关资料验收要求
标本	矿产勘查、地质科学研究	验收标本编录材料（含标本名称、精确的采样位置、标本描述等）、标本采样位置图（平面图、剖面图）、矿区地形地质图等，必要的测试、鉴定资料
	区域地质调查	验收标本的岩矿鉴定报告、标本登记表、标本所在实测剖面的剖面图及丈量表、实际材料图等
光（薄）片		光（薄）片的相关资料，应至少包括光（薄）片的岩矿鉴定报告、光（薄）片所在实测剖面的剖面图及丈量表、工作区的实际材料图等
样品（副样）		样品（或副样）的相关资料，应至少包括采样点位图、样品登记表、样品测试结果表等

对于图片类资料，应有图名、比例尺、图例、图签等要素；附图的源电子文件及其附属的系统库、字库等相关文件应一并汇交并真实可用。对于文本类资料，封面、题名、页码等要齐全，必要时还应有目录。

（五）汇交人整理、包装实物地质资料

为保证实物地质资料馆汇交的质量，确保实物在运输途中的安全，馆藏机构委托汇交人对汇交的实物地质资料进行必要的整理与包装。

（1）整理工作

逐回次检查、摆放岩心，清除外来杂物，替换损坏的岩心箱，补充缺失的各类标识（图4.8）。

图4.8　岩心整理与检查

（2）包装

对岩心、标本等进行必要的包装、防护，一般岩心的包装方法为用塑料布将岩心包裹为柱状，用胶带进行捆扎；对于十分破碎的岩心，可分别装入袋内，并对袋子进行编号（图4.9）；标本一般随标签装入专门的标本袋内，或用旧报纸包裹后用胶带捆扎；光

（薄）片按顺序依次装入百格盒（光片）和薄片盒内；副样装入专门的副样或副样袋内。

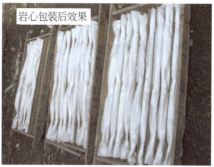

图4.9　岩心包装及包装后效果

（3）加固装具

对实物地质资料的装具进行必要的加固，如对木质岩心箱进行封盖。确保在运输途中，实物装具不被破损，确保实物安全（图4.10）。

图4.10　岩心及标本加固措施

（六）馆藏机构运输实物地质资料

实物地质资料整理包装完成后，由负责接收的馆藏机构运输到保管地点入库保管。实物地质资料的运输，建议选择专门的物流公司或雇佣车辆进行运输，车辆应具备封闭式货柜，装车后，对货柜进行密封条密封，待运输到岩心库后，现场拆封。注意：运输实物地质资料中途严禁倒换车辆，以防实物在装卸过程中发生散乱、丢失。重要实物，应安排专人随车运送。

（七）发放移交清单和实物资料验收合格单

实物地质资料汇交完成后，由馆藏机构向汇交人下达《实物地质资料验收合格单》和《实物地质资料移交清单》（图4.11）。移交清单中应注明汇交实物地质资料的名称和数量，由双方共同盖章确认，一式两份，双方各一份。

实物地质资料验收合格单（格式）	实物地质资料移交清单（格式）				
实资验字[××年]××号	项目名称				
	项目编号				
××××××（汇交人名称）：	序号	资料种类	资料名称	数量及单位	资料类别
你单位于××××年××月××日汇交的 ×××× （地质工作项目名称）实物地质资料，经验收合格。					
	移交方签章　　　　　　　接收方签章 移交日期：　年　月　日				
实物地质资料馆藏机构（盖章） ××××年××月××日					

图 4.11　实物地质资料验收合格单和移交清单填写范例

三、其他需要特殊说明的事项

1. 关于地质资料汇交凭证的发放

《实物地质资料管理办法》第十条规定了汇交凭证的发放。

1）成果地质资料、原始地质资料和实物地质资料，三者可以分别汇交，但总的汇交凭证应统一发放。

2）实物地质资料馆藏机构不办理汇交凭证的发放，只发放实物地质资料验收合格单；不需汇交具体实物地质资料的项目，以目录清单回执代替验收合格单。

2. 急着办理地质资料汇交凭证怎么办？

因为实物地质资料的汇交需要筛选、验收、整理、包装、运输等程序，需要耗费一定的时间，如果汇交人急需办理地质资料汇交凭证，依据《国土资源部地质资料汇交监管平台建设工作方案》，可先向馆藏机构提交《实物地质资料汇交承诺书》（图 4.12），提交了承诺书的项目，即视同已经完成汇交，馆藏机构可向汇交人提前出具实物地质资料验收合格单。

3. 实物地质资料汇交产生的费用由谁承担？

实物地质资料汇交需要一定的资金保证。实物资料在汇交时，需要整理、包装、运

实物地质资料汇交承诺书

海南茂高矿业有限公司向国土资源部郑重承诺：

　　1.本单位承担的《海南省儋州市丰收矿区铜多金属矿普查》项目所形成的实物地质资料，将按照《实物地质资料管理办法》之规定向国土资源部汇交。

　　2.本单位将按负责接收地质资料馆藏机构的要求，做好实物地质资料的汇交工作。在汇交之前，本单位将妥善保管项目形成的实物地质资料。

　　3.若届时不履行承诺，愿意按照《地质资料管理条例》第二十条的规定接受处罚。

汇交人公章

2013 年 4 月 26 日

图 4.12　实物地质资料汇交承诺书范例

输、复制相关资料等，需相应的费用。

实物地质资料汇交要经过筛选。有的地质工作项目需要汇交实物地质资料，而有的则无需汇交实物地质资料。被选上要汇交的，就要支付一笔包装和运输费用，没有被选上汇交的，就无需支付这笔费用，这对被选上汇交实物地质资料的人是不公平的。

因此，所需汇交费用由馆藏机构承担。但是，需强调指出的是，馆藏机构支付的费用仅用于所汇交实物地质资料的整理、包装、运输、资料复制等活动，是一种工作费用，没有商业利润成分。

四、实物地质资料专项采集

实物地质资料专项采集是指馆藏机构或保管单位自行采集或委托其他单位代为采集实物地质资料的工作过程。与汇交相比，专项采集中的实物地质资料不属于汇交范围，是由馆藏机构或保管单位根据馆藏资源需求，专门组织项目或课题进行采集的实物地质资料，是对汇交工作的重要补充。一般专项采集的目标为通过汇交渠道难以获得的实物或服务利用、展览展示、教学科普所亟须的实物。如一个矿区开展地质工作项目后向馆藏机构汇交了两个钻孔，但其未形成配套的系列标本、光（薄）片等，为了满足后期服务利用的需求，馆藏机构可自行采集矿床的系列标本，制作光（薄）片，这个过程就是专项采集的过程。

岩心与副样基本上全部通过汇交途径获取，很少通过专项采集渠道获取；专项采集的实物地质资料主要为各类地层、矿床、古生物化石、标本等。因此，本书主要阐述标本专项采集的工作方法。据了解，澳大利亚也会针对区域研究或开发的需要，由政府布置专门进行钻探取心，与专项采集的工作性质类似，但我国尚未进行此项工作，因此本书不涉及钻孔岩心的专项采集方法。

（一）工作程序

典型标本采集按照以下工作流程开展（图4.13）：

首先要明确采集的对象，一般根据收藏规划与收藏现状，选择馆藏最为亟须的作为采集的对象，如对于典型矿床而言，战略矿种或储量规模达到超大型的矿床，对于典型地层单元来讲，优先采集金钉子剖面；之后围绕拟采集对象，广泛收集各类材料，了解拟采集对象的地质、地理特征，设计踏勘路线；根据设计的踏勘路线，进行野外踏勘，实地查看地质体发育、出露等情况，设计实测剖面；野外具体实施实物采集工作，包括实测剖面的测制、标本的采集与编录、野外现场照相等；最后是室内资料的整理与采集工作报告的编写，包括光（薄）片的制作与鉴定、采样位置图件的绘制、采集工作报告的编写等。

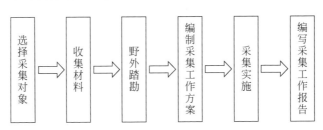

图4.13　专项采集工作流程图

（二）工作方法

1. 采集对象的选择

（1）典型矿床

采集的典型矿床一般应满足以下要求：

- 属于重要矿种的超大型、大型矿床；
- 新矿床成因类型、新矿种等典型矿床；
- 取得突破性找矿地质成果的矿床；
- 濒临闭坑，今后难以进入的矿床；
- 其他有重要研究意义或在成因上存在学术争议的矿床。

（2）重要地层剖面

- 全球界限层型剖面和全球辅助层型剖面；
- 年代地层主要断代建阶层型剖面；
- 岩石地层"组"级层型剖面；
- 其他有重要研究意义或学术争议的构造单元。

（3）我国重要的古生物化石群落，如辽西、关岭、澄江等。

2. 材料收集

收集拟采集对象的各类材料，包括反映其区域基础地质背景的材料、研究区基础地质背景的材料。同时也要收集反映工作区研究进展及研究热点的材料，作为编写采集工作方案（或设计）的参考与依据。反映区域性的材料包括区域地层志、大地构造图、区域地形地质图和反映区域成矿的专著、论文等；反映工作区的资料包括：工作区基础地质背景资料、工作区内开展地质工作项目的成果报告、工作区内的专著、论文等。

3. 野外踏勘

（1）踏勘目的

野外踏勘的目的主要是在室内收集资料，了解基本地质、地理情况的基础上，到野外现场更进一步深入了解地质、地理与交通等情况，查看地质体野外出露情况与采集难度，明确采集工作的可行性，合理安排采集工程，并测算工作量与费用。

（2）踏勘需要准备工具

野外探勘需要准备齐全的工具、材料，包括：地质锤、罗盘、放大镜、皮尺、GPS定位仪、样带、线手套、野外记录簿、照相机、药品（防暑、防蚊虫、止泻、感冒药等）、水壶等。

（3）路线选择

野外踏勘前，要根据拟采集对象的地质背景设计探勘路线，对于典型矿床，踏勘路线一般垂直地层与矿体走向，横穿矿区主要地层和矿体，坑采的一般设计路线为从矿坑边缘下到矿坑底部，再上到矿坑边缘；井下采集的要到主要矿体的开采中段，沿着巷道追索矿体与地层。

对于层型剖面，路线要垂直地层走向，从顶到底逐层核对，地层发生尖灭的，要在旁侧顺层寻找地层出露点（图4.14）。

图4.14 垂直地层走向逐层查看地层

4. 编写采集工作方案（设计）

野外探勘完成后，应编写采集工作方案（设计）。对整个采集工作的采集目标、技术要求、实物工作量、预期成果、工作分工与部署等进行安排。采集工作方案应包括以下内容。

1）区域地质背景介绍（大地构造、区域地层、岩浆岩、变质岩、区域成矿等，附区域地质图）。

2）工作区地质背景简介（工作区地层、岩浆岩、变质岩、构造及矿产资源发育等方面的主要特征，附地质图）。

3）主要工作内容（一是总体工作部署，附工作部署图；二是每个采集对象的具体介绍，包括重点要解决的地质问题、研究热点或采集意义，拟采用的工作方法及比例尺精度，控制的层位、岩性等介绍）。

4）主要实物工作量介绍（每个采集对象要采集标本的份数，实测剖面的精度及长度，采集测试样品的份数，编制的相关资料的名称及数量等）。

5）工作进度安排介绍。

6）主要技术要求：实测剖面比例尺精度要求、标本规格与数量要求、标本整理与标识要求、包装运输要求、相关文本图件资料的编制要求等。

7）任务分工介绍。

8）预期成果介绍（实物采集的预期成果及预期开展的研究工作取得的成果）。

5. 典型矿床标本采集要求

（1）采集原则

采集标本的原则以最大限度客观反映矿床基本地质特征为首要原则，因此，标本采集要选择穿过主要矿体或代表性矿体，可采条件较好的地段测制剖面，以求系统地、全面地控制与成矿作用有关的地层、岩体、蚀变、构造等。

（2）采集内容

标本包括岩石标本、矿石标本、矿物标本及其他标本。

岩石标本：包括矿体主要围岩的各种类型岩石标本，矿体顶底板岩石标本，蚀变岩石，特别是与成矿有关的蚀变岩石标本，火成岩标本。

矿石标本：包括主要含矿层位矿石标本，主要矿石类型的标本，富矿品位矿石标本。

矿物标本：包括矿物晶形发育完好的矿物标本，具观赏性的矿物标本。

其他标本：特殊构造现象标本等。

（3）采集层位

标本采集应选择主要开采中段系统地进行。对于岩石、矿石类型、物质组份变化较大，蚀变分带明显的矿床，可在多个开采中段上采集标本。

采集含矿岩系的主要岩石类型：

不同层位的矿体，要分别采集；矿床的主要矿石，主要按矿石类型采集，可以按照矿石的结构构造、矿物成分、含矿品位的不同分类采集。

厚大矿体，可以在采集面上从围岩到矿体连续采集。

矿体与围岩接触带的反映成矿作用的蚀变岩，根据类型分别采集，尤其是成矿作用与蚀变作用密切相关的矿床（如斑岩型、矽卡岩型），要按照蚀变分带采集不同类型的蚀变岩石。

沉积型矿床，按沉积序列从围岩–矿体–围岩按分层或等间距采集。

与成矿作用有明显关系的侵入岩岩体的标本要采集，可按照侵入期次进行采集。

（4）标本规格

标本规格一般为$8cm \times 10cm \times 12cm$，一个采点要求采集两块相同类型的标本。

在主采矿层上采集一块大型矿石标本，其规格为：宽×高×厚＝$60cm \times 80cm \times 40cm$，要求标本块度好，无明显的裂纹。

对于风化程度高、结构松散、无法成块的地质体，可施工洛阳铲对矿体和成矿母岩进行采集，一般施工形成直径约$10cm$，每段长约$1m$的柱状标本。

对于无法成块的地质体，也可将其装入布袋内。

（5）采集工作方法

实测剖面要求：对于露采和其他地层和矿体出露好的矿床，应采用实测剖面法采集标本。地层划分的主要依据是矿区的地层和矿体划分。地层划分精度与所选定的比例尺有关，最小分层厚度等于实测地层剖面图或柱状图上$1mm$所代表的地层厚度，最大分层厚度等于实测地层剖面图或柱状图上$1cm$所代表的地层厚度，分层厚度的下限为自然岩层厚度。特殊岩层放大表示。

取样方法要求：标本要求尽量新鲜，能够清晰观察到岩石组成矿物成分、结构、构造等，选择地质锤取标本，致密坚硬，无法用地质锤取标本的，可用切割工具，或采用取样机取样，取样要求垂直于岩石层面，除去风化面，并保证至少留有一个新鲜面。出露不好的部位，应施工必要的槽探工程，确保采集标本的新鲜程度。

刷漆编号要求：标本采集后，要在地质特征不明显的一面进行刷漆编号，刷漆不能掩盖重要地质特征，同时要确保编号牢固，不易脱落、褪色（图4.15）；编号最好采用"矿床汉语拼音首字母大写+流水号+（序号）"的方式，如"FKQXK-17（01）"代表凡口铅锌矿第17份标本的第二块（一般一个采集点采集一式两块）。

图4.15　刷漆编号效果图

采用洛阳铲工程取样时，以揭穿风化壳和矿体为原则，详细划分风化壳垂直分层位置、矿体品位、矿石成分、结构构造、矿化类型变化等，取出标本（柱状样）后，鉴于标本的松散性，每回次所取岩心需清除上层的掉块后按顺序先排放于木质岩心箱内，待晾干后（视情况喷洒杀虫剂），再逐一装入规格适合、透明度较好的 PVC 硬管，并将顶、底部封闭（图 4.16、图 4.17）。

图 4.16　施工洛阳铲工程（右上方为施工器具）

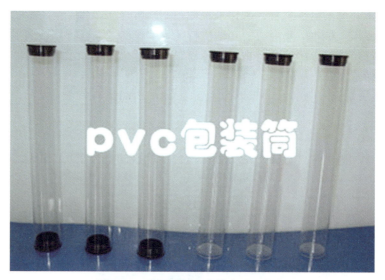

图 4.17　洛阳铲工程取样容器示意图

野外拍摄要求：在采集标本的过程中，应对采样地点进行拍照，拍照时用尺子作为比例尺，每次拍摄两张，一张全景、一张特写（图 4.18，图 4.19），远景主要反映总体构造特征，近景主要反映局部结构、构造特征。

图 4.18　标本采集点野外拍摄效果图（远景）

图 4.19　标本采集点野外拍摄效果图（特写）

素描要求：采集标本的过程中，对于发现特殊地质现象部位如具有典型特征的小构造位置、接触带、蚀变带及典型矿物发育带等，应采用素描图的形式进行记录。

（6）配套资料

标本签：同一个矿床做系统编号，每块标本分别编号，刷漆、标注在标本上。每件标本应附有相应标签说明，包括编号、名称、采集位置等，标本签格式见表 4.20。

标本编录：每件标本都要进行编录，编录表如表 4.21 所示。对标本的地质特征进行描述，包括标本名称、颜色、结构、构造及成分信息等。

表4.20 标本签

序号		标本编号	
标本名称			
采集位置			
采集人		采集日期	
备注			

表4.21 标本采集编录表

标本编号		标本名称	
标本类型		采样方法	
采样层位		采样位置	
标本描述:			
采集人		采集日期	

注:"标本类型"填写"岩石标本、矿石标本、矿物标本、构造标本等","采样层位"填写某地层或某号矿体等,"采样位置"中地表采样填写经纬度,地下采样填写位于坑道中的位置

相关图件:一是采样剖面位置图,按照某种分带(岩矿分带、蚀变作用分带、沉积分带等)连续采集的岩矿标本要绘制简要剖面图记录标本的采样位置;二是标本采样平面位置图,每块标本的采集位置,都要标注在开采的巷道图或中段图或地形地质图上。剖面图的比例尺精度为一般不低于1:2000,且每个采集点均应进行拍照;平面图的比例尺精度一般不低于1:5000。

其他资料:标本采集照片,原始野外编录材料(野簿等)、采集报告、标本采集登记表、采样登记表、采集工作报告等。

(7)包装运输

标本采集整理完毕后,随标本签一同用纸或标本袋装好,装入木质箱内,标本之间用稻草、报纸等柔软填充物充填,防止标本碰撞破碎,采用国内知名物流进行运输,中途尽可能避免倒换车辆。

6. 层型剖面标本采集技术要求

(1)采集原则

典型剖面系列标本的采集要有系统性,控制齐全,能够全面反应采集对象的地质特征,对于热点研究部位要重点采集,适当提高采集密度。

(2)采集内容

一般需要采集岩石标本、岩相标本、古生物化石标本和界限层柱状样。

岩石标本:按照岩性分层,逐层采集,对于单层厚度较大的部位,控制在50cm一个采集点。

岩相标本:与岩石标本在同一采集点采集。

古生物化石标本：根据古生物化石发育情况进行采集，要能全面覆盖各个地层内发育的古生物化石，对于划分界限的关键化石，要增加采集数量。

界限层柱状样：在关键分层部位，连续采集界限层上下一定范围的样品，一般用于展览展示。

（3）标本规格

标本的规格统一为 8cm×10cm×12cm 或 3cm×6cm×9cm，柱状样一般需要控制界限层上下各 50cm，因此其规格一般高 1.5~2.0m，长 30cm，宽 30cm（图 4.20）。

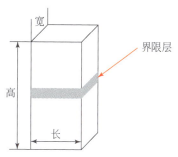

图 4.20　界限层柱状样规格示意图

（4）标本采集技术要求

比例尺精度：根据典型剖面的野外地形地质特征，在确保采集人员人身安全的前提下，合理设置采集剖面的比例尺精度，一般精度高于或等于 1：2000，地质条件不好的，可为 1：5000，工作条件不好或剖面较长、地质特征变化不明显的，可设置为 1：10000。

剖面位置选择：选择地层相对较发育出露较齐全、基岩露头较好、构造较简单的地段。

剖面线布置：剖面线方向原则上应垂直地层走向。岩层倾角平缓时，剖面线最好布置在地形陡坡处，相反，剖面线最好布置在地形平缓地段。

测量方法的选择：剖面测量方法采用导线法。

地层划分：层型剖面均具有详细、规范的分层，采样前，应根据根据岩性，在野外现场划分地层，并将地层代号做好标记（图 4.21），便于后期采集。地层划分的主要依据是地层的岩性特征，岩层剖面上岩石的颜色、结构、构造、成分或岩石组合规律、生物特征等方面的差异都可以作为分层的标志。实测剖面所划分出的层，可以是单独一岩性层，也可以是有规律合在一起的复合性层，所划分出的每一层与上下相邻层的宏观岩性特征有较明显的差异，易于识别，复合性层的组合规律主要有夹层型、互层型、韵律型。地层划分

图 4.21　岩性分层及标记方法

精度与所选定的比例尺有关，最小分层厚度等于实测地层剖面图或柱状图上1mm所代表的地层厚度，最大分层厚度等于实测地层剖面图或柱状图上1cm所代表的地层厚度，分层厚度的下限为自然岩层厚度。特殊岩层采用放大表示。

采样间隔：至少确保每个分层单元采集1套以上的标本，对于厚大的层，可间隔50cm或1m取一套标本。

采样方式：采集的标本具有代表性，能够反映采集点岩石的一般性质，必须是从基岩上采取，标本要求尽量新鲜，能够清晰观察到岩石组成矿物成分、结构、构造等；标本采取可使用取样机或地质锤。

刷漆编号：标本的刷漆编号方法同上。

野外采集点拍摄：要对每个采集点进行数码拍照，拍照时要露出清晰的地质特征，要有参照物。同时对野外标本采集点及地层剖面分层、岩性、岩相、基本层序、事件层等，进行数码照相，照相能够反映采集点地质面貌。

图4.22　二叠—三叠金钉子分层位置柱状样

野外素描：采集标本的过程中，对于发现特殊地质现象部位如具有典型特征的小构造位置、接触带、蚀变带及典型矿物发育带等，应采用素描图的形式进行记录。

界限层柱状样采样方法：对于关键地层分界位置，应垂直层位采集柱状样，反映连续的沉积变化，同时还具有较高的科普、观赏价值。为了做好金钉子及其他层型剖面点位的保护工作，柱状样的采集位置不能正好处于点位处（图4.22）；同时为了尽可能使采集的柱状样接近点位处的地质特征，应选择点位处向两侧外延距离适中、出露较好的位置作为柱状样的采集位置，建议距离为30~100m。

（5）标本编录

要对标本进行系统的野外地质特征描述，包括标本的颜色、结构、构造、成分构成及其他地质特征等，填写规范的标本编录表及对应的标本签。编录方式与标签格式同上。

（6）标本的包装运输

标本的包装运输方法同上。

（7）标本的测试分析

制作岩相光面、岩石微相薄片，对其岩性进行鉴定，鉴定项目有岩石的结构构造、矿物成分、百分含量、嵌布特征、自形程度、粒度大小、浑圆程度、蚀变特征、次生变化、生成顺序、应力作用、重结晶作用等进行详细研究和分析，并拍摄镜下照片。

针对标准剖面的地质特征，进行对野外地层剖面分层岩性、岩相、基本层序、事件层等进行数码照相，采集牙形石和三叶虫等化石样品。

（8）图件编制

层型剖面采集完成后，应编制采样位置柱状图、采样位置剖面图和采样位置平面图。编制的柱状图和剖面图，图件比例尺一般不小于1∶500平面位置图的比例尺一般不小于1∶2000。图件为Map GIS与jpg格式各一份，并提供齐全的系统库和字库。

第五章　实物地质资料建档技术方法

在《实物地质资料馆藏管理技术要求》（DD2010—05）的基础上，进一步细化实物地质资料建档工作的方法与规范，指导实物地质资料馆藏机构开展实物地质资料建档工作，实现实物地质资料的规范化管理与服务。

实物地质资料是指在地质工作中形成的各类实物及相关资料的统称。实物是指各类岩心（含矿心，下同）、标本、光（薄）片、样品等；相关资料是指与实物直接相关的部分原始地质资料，以及在实物整理和数字化过程中形成的资料。

岩心的相关资料主要包括钻孔原始地质编录表、钻孔柱状图、勘探线剖面图和矿区工程布置图、岩心扫描图像等；标本的相关资料主要包括标本编录表、标本采样位置图、标本岩矿鉴定报告、标本所在剖面的实测剖面图及剖面登记表、工作区的实际材料图、标本图像等；光（薄）片的相关资料主要包括光（薄）片的岩矿鉴定报告、光（薄）片所在剖面的实测剖面图及剖面丈量表、光（薄）片的分布位置图、工作区的实际材料图、光（薄）片显微图像等；样品的相关资料主要包括样品的采样点位图、样品登记表及测试分析结果等。

一、归档范围

按照实物地质资料的载体性质，将归档的实物地质资料分为以下三个部分。

1）实物。主要包括岩心、标本、光（薄）片、副样等，是实物地质资料的核心组成（图5.1）。

图5.1　实物种类展示

2）纸质资料。包括记录实物地质资料汇交采集过程的资料，如采集计划、采集报告等；选自原始地质资料的相关资料，如钻孔原始地质编录、钻孔柱状图等（图5.2）；实物地质资料整理和数字化过程中形成的资料，如实物整理登记资料、岩心扫描记录表等。

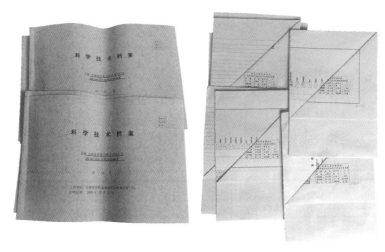

图5.2 纸质资料展示

3）电子资料。包括接收的各类原始地质资料的源电子文件及存档电子文件（图5.3）。

西藏格玛铅锌矿实物地质资料的汇交与采集	西藏格玛铅锌矿实物地质资料的汇交与采集
西藏格玛铅锌矿原本地质档案	总工作量表
总工作量表	原始档案
总工作量表1	原始地质档案
	原始纸质资料
(a)源电子文件	(b)存档电子文件

图5.3 电子资料展示

源电子文件是指通过使用文字处理、制表、制图、数据库、系统开发以及多媒体制作等工具软件进行创建而直接得到的电子文件，是第一手的电子文件。文本资料的源电子文件一般采用"．doc、．wps、．xls"等格式，图件类的源电子文件为各种矢量图形文件，源电子文件一般可进行编辑、修改。

存档电子文件是指纸质资料扫描数字化后形成的电子资料，实物数字化过程中产生的数据，如岩心扫描图像、标本及薄片照片等。也可以是通过源电子文件进行格式转换或制作而间接得到的电子文件。例如，文本资料部分一般为"．pdf"格式的电子文件，图件类一般为"．jpg"格式的栅格图形文件，有时为"．tiff、．eps、．pdf、．gif"格式的栅格图形文件。存档电子文件一般不可编辑、修改。

二、建档工作流程及方法

接收资料。接收岩心、标本、副样、光（薄）片等实物及文本、图件等相关资料，并对资料进行清点、核对，清点无误的，予以接收入库。

赋予档号及编制案卷题名。首先对接收到的资料划分建档单元，然后对每一个建档单元赋予档号，并编制案卷题名。

整理实物。对岩心、标本等进行必要的整理和有序化组织，编制实物目录，分配存储空间，记录存储位置。

整理纸质及电子资料。对相关资料进行必要的整理和有序化组织，包括对纸质资料进行排序、组册、装订和编目等工作，对电子资料进行分类、命名和排序等工作。

著录。核对、分析和组织该实物地质资料档案的各种信息，形成对所描述的实物档案单元及构成部分的准确表述。

备份电子资料。利用硬盘、光盘、磁带等不同介质，对电子资料进行多重载体备份，并定期进行异地备份保障数据安全。

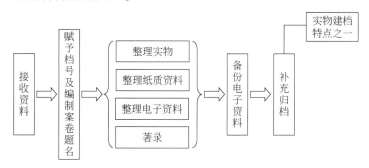

图5.4　建档工作流程图

（一）接收资料

接收的过程包括资料的清点、查验、涉密检查和办理移交入库手续。

1. 接收实物

1）清点实物的数量是否与移交清单一致，填写入库单（表5.1）。对于岩心而言，主要核对岩心总箱数是否与移交清单一致，并核对岩心箱号是否连续；对于标本、光（薄）片、样品等，要逐块（片、件）进行清点核对。

表5.1　实物地质资料入库单

移交部门（或单位）	汇交采集室			
矿区或项目名称	西藏那曲县格玛铅锌矿普查			
实物名称	实物数量	单位	接收人签字	备注
M2ZK0001 岩心	30	箱	＊＊＊	
M2ZK1602 岩心	41	箱	＊＊＊	
典型手标本	18	块	＊＊＊	
大型标本	2	块	＊＊＊	
移交人签字	＊＊＊	移交时间		2015.3.2

注："实物名称"一栏填写"＊＊钻孔岩心、标本、光（薄）片、副样等"；"实物数量"一栏，岩心类填写箱数，标本类填写块数，光（薄）片填写片数，样品类填写份数；"备注"一栏填写实物要特别说明的情况

2）查验实物的物理状态。对于实物标识（岩心牌、标本签等）大量缺失、实物包装载体破损、实物散乱等，导致无法恢复实物原始次序、无法与相关资料建立一一对应关系的，可鉴定为损毁，不应接收入库（表5.2），应进行埋藏或清除处理。

表 5.2 实物地质资料拒收说明

移交部门（或单位）	×××××××××		
矿区或项目名称	×××××××××		
实物名称	实物数量	单位	拒收理由
ZK001 岩心	20	箱	岩心箱损毁，岩心顺序混乱
接收方经办人	×××	经办时间 2015.5.8	

2．接收相关资料

（1）相关资料的分类

相关资料的分类情况见表5.3。

表 5.3 相关资料分类情况一览表

序号	资料大类	资料小类	资料内容
1	文本	原始地质资料文本	采集报告、项目设计或报告、原始地质编录表、岩矿鉴定报告等
		整理信息文本	岩心整理登记表、库位信息表、标本目录、光（薄）片目录等
		其他文本	无法归到以上类别的文本
2	图件类	平面图	地形地质图、工程布置图、中段图等
		剖面图	勘探线剖面图、实测剖面图、信手剖面图等
		柱状图	钻孔柱状图、综合柱状图等
		其他图件	无法归到以上类别的图件
3	数字化类	岩心扫描	岩心扫描原图、裁剪图、压缩图及登记表
		标本照相	标本图像
		光（薄）片照相	光（薄）片图像及登记表
		其他	光谱图像、XRF 元素浓度、磁化率等
4	其他类	无法归到以上几类的资料	数据库、软件、多媒体等无法归到以上几类的资料

接收相关资料在此指接收汇交或移交的与实物资料相关的文本资料。

接收汇交或移交相关资料时，首先要对实物地质资料进行查重，然后对照移交清单以"件"为单位，按照资料的"一致性和齐全性"进行核对，最后要根据汇交人（或移交人）提供的资料涉密情况对资料进行定密。

（2）资料查重

实物地质资料的查重主要是检查新接收的实物地质资料在来源上是否与已经建档的实物地质资料重复。例如，某一个项目（或矿区等）曾经采集过岩心，后又采集了标本，其项目（或矿区）信息重复，即可将后采集的标本与之前采集的岩心合并建档，无须对标本单独建档。又如，2008 年建立了 000016 档资料《辽宁省抚顺市红透山铜锌矿岩心及标本》，其中有两个钻孔的岩心，在 2013 年又采集了这个矿区的别一个钻孔的岩心，则这个钻孔的岩心将不重新赋予档号，而是直接与 000016 档的其他资料合并建档为 000016。也可认为是将后期采集来的钻孔岩心及相关资料补充归档至 000016 中。

2009 年建立了 000101 档资料《江苏省新沂市小焦金红石矿岩心》，在 2014 年时又在本矿区采集了标本，则标本资料也将不再重新赋予档号，而是与之前的 000101 档合并建立为一档资料。

（3）一致性核对

一是相关资料的数量和内容应与移交清单一致；二是除数据库、软件系统、多媒体等电子文件外，其信息应与纸质资料一致（单件资料如提供纸电两种介质的，纸质资料与电子资料在内容上应保持一致）。

（4）齐全性核对

1）文件种类应齐全。相关资料是实物的重要补充、说明，尤其是直接形成于野外现场的相关资料（如编录材料、测井、录井材料等），是实物形成后的第一手材料，具有不可替代性，是资料利用者观察、利用实物时的重要参考，因此文件种类的齐全性至关重要。

岩心。固体矿产勘查类岩心应至少收集该钻孔的原始地质编录表、钻孔柱状图、钻孔所在勘探线剖面图和工程布置图、该矿区的地质地形图。油气资源调查类岩心的相关资料，应至少包括钻孔柱状图、各类物化探原始数据体、录井原始数据、测井原始数据和分析化验原始数据。地质科学研究类岩矿心的相关资料应至少包含野外编录表、钻孔柱状图和各类物化分析原始数据。水工环类岩心的相关资料至少应包括钻孔柱状图（或钻孔综合成果图）、实际材料图、各类工程布置平面图，所选钻孔相关的各类试验、测试、监测原始数据、测量结果数据汇总表等。

标本。矿产勘查、地质科学研究类标本的相关资料应至少包括标本编录材料（含标本名称、精确的采样位置、标本描述等）、标本采样位置图、矿区地形地质图等，必要的还可收集标本的测试、鉴定资料。区域地质调查类标本至少应包括标本的岩矿鉴定报告、标本登记表、标本所在实测剖面的剖面图及丈量表、实际材料图。

光（薄）片。区域地质调查光（薄）片的相关资料，应至少包括光（薄）片的岩矿鉴定报告、光（薄）片所在实测剖面的剖面图及丈量表、工作区的实际材料图等。

样品。样品（或副样）的相关资料，应至少包括采样点位图、样品登记表、样品测试结果表等。

2）资料的要素齐全。对于图片类资料，应有图名、比例尺、图例、图签等要素；附图的源电子文件及其附属的系统库、字库等相关文件应一并汇交并真实可用，同时有电子文件登记表对附图形成的软硬件环境进行详细说明。移交资料在检查完成后，要填写整改意见表（表5.4）。注明资料的检查结果及处理意见。

表5.4　实物地质资料接收整改意见表（样式）

资料名称：	
所属项目：	
移交部门（或单位）：	
移交时间：	
检查情况评价：	
处理意见：	
	移交人签字：　　　　　　接收人签字： 接收时间：

检查合格的资料则赋予档号，对资料进行定密并办理资料的接收入库手续。

资料的定密。汇交的地质资料，由汇交人根据《涉密地质资料管理细则》的规定，对所汇交的地质资料提出定密建议，由负责接收地质资料的保管单位根据汇交人提出的定密建议进行复核，并确定密级。

3. 办理移交入库手续

实物资料的相关文本资料在检查合格后，移交人与接收人分别在资料的清单上签字确认，一式两份，双方各自保存一份。

实物资料在清点、查验无误后，对于符合入库要求的资料，办理移交入库手续，填写《实物地质资料入库单》；对于不符合入库要求的，填写《实物地质资料拒收说明》（表5.5），以上两个文件不纳入归档范围，由档案室自行管理。

表5.5　实物地质资料拒收说明（样式）

移交部门（或单位）				
矿区或项目名称				
实物名称	实物数量	单位	拒收理由	
接收方经办人		经办时间		

（二）建档单元的划分原则

1. 有明确项目来源信息的实物地质资料

地质工作项目是矿产资源管理的基本单位，也是地质资料汇交的基本单位，因此，有明确项目来源信息的实物地质资料，以项目为建档单元划分依据，一个工作项目产生的实物地质资料为一个建档单元。

2. 没有明确项目来源信息的实物地质资料

实物地质资料取自一个矿区的多个勘查阶段的项目时，可以矿区为单位划分建档单元，一个矿区产生的实物地质资料为一个建档单元。例如，一个矿区的三个钻孔岩心分别来自普查、详查和勘探阶段，可划分为一个建档单元。

实物地质资料馆以专项形式采集的实物地质资料，以专项为单元建档；专项中划分专题的，可以专题为单元建档。

捐赠的实物地质资料，以单次捐赠为单元建档。

（三）赋予档号及编制案卷题名

建档单元划分后，为每一个建档单元赋予档号，并编制案卷题名。

1. 赋予档号

各馆藏机构可根据本单位编码规则编制档号，但要便于管理、查询和利用。例如，采用六位数阿拉伯数字，"第 1 档"档号为"000001"，"第 100 档"档号为"000100"，以此类推；或采用字母加数字组合方式。

2. 编制案卷题名

1）以地质工作项目为建档单元划分依据的，其案卷题名的编制方法为"项目名称+实物地质资料/实物名称"。一档内的实物地质资料种类不超过两种时，其案卷题名命名方法为"项目名称+实物名称"，如"湖北省大冶铁矿普查岩心及标本"；实物地质资料种类超过两种时，其案卷题名命名方法为"项目名称+实物地质资料"，如"湖北省大冶铁矿普查实物地质资料"。

一般实物地质资料的汇交早于成果地质资料的汇交，因此项目名称可采用立项设计中的名称。

区域地质调查类命名方法参照区调报告的命名方法，为"图幅名+图幅号+空格+比例尺+区域地质调查+实物地质资料/实物名称"，一档资料含多个图幅时，各图幅之间用空格隔开，如"隆子县幅 H46C004002 扎日区幅 H46C004003 1/25 万区域地质调查实物地质资料"。

比例尺的比例符号为"/"。小于、等于 1/100 的比例尺，分母用汉字"百""千""万"表示数字单位。例如，"1/100"、"1/200 000"应依次为"1/1 百"、"1/20 万"；大于 1/100 的比例尺，分母用阿拉伯数字，如"1/50"。

2）不是以地质工作项目为建档单元划分单位的，其命名总体上遵循"实物来源信息+实物地质资料/实物名称"的原则。

对于矿产勘查类，采用"行政区名+矿区名+实物地质资料/实物名称"的方式命名，其中行政区名为省、县（或市）两级，为标准名称，如"河北省、内蒙古自治区"，不能用简称，如"河北、内蒙古"。例如，河北省张北县蔡家营铅锌银矿岩心及标本。

（四）资料整理与组织

资料整理与组织是指对实物、纸质及电子资料进行整理，使之达到有序化和规范化的组织状态的过程。

1. 实物整理与组织

1）实物的整理工作主要是指对岩心、标本、光（薄）片等进行清点、清洁、更换装具、补充完善标识、分配并登记存储位置等，使之以达到清洁的保管状态和规范、有序的组织状态，有利于实物的长期保管和检索利用。实物的整理要以档为单位进行，具体工作方法及要求按照《实物地质资料整理工作指南（试用稿）》执行。

2）记录实物的整理过程及存储位置。在实物的整理过程中，应分别对整理过程和整理结果进行记录，整理过程的记录主要是指记录整理过程中遇到的问题、解决的办法以及备注特殊情况，整理结果的记录主要是记录实物的目录及存储位置。整理过程和整理结果记录信息要作为相关资料的一部分，纳入建档范围。

2. 纸质资料整理与组织

（1）资料范围

纸质资料既包括记录实物地质资料筛选采集过程的资料，也包括与实物相配套的部分原始地质资料，实物整理和扫描数字化过程中形成的纸质资料，以及电子资料打印后形成的纸质资料，具体如下：

记录筛选采集过程资料：采集计划、采集说明、采集报告等。

原始地质资料：汇交或采集来的各类原始地质编录、岩矿鉴定材料、平面图、剖面图及柱状图、项目和地质背景介绍材料等。

实物整理登记材料、实物扫描数字化登记材料和存储位置登记材料。

（2）工作流程及方法

1）电子资料打印。对于只有电子资料的文件，要对其进行打印，一般来讲，除了数据库、软件、多媒体以及实物扫描数字化后形成的图像类资料之外，均需要进行打印。必要时，在打印前还需要对其进行排版，然后进行打印。

2）纸质资料的组册。组册主要针对文本类资料，一般以"件"为单位组册，页数较少的文件可以合订一册，单册厚度一般不宜超过 20 毫米。合订组册时，应遵循同一类别（或同级别）的资料进行组册的原则。下面是一档资料的相关文本资料的目录范例（表 5.6）。

实物整理及数字化过程中形成的文件可以组为一册，如岩心整理表、岩心扫描记录表、岩心入库货位表等组为一册。

文本类资料组册后，对于几件资料组一册的，要编制"册内目录"，放置于封面之后，第 1 页之前（图 5.5）。

表5.6　相关文本资料目录（填写范例）

福建省上杭紫金山铜金矿相关文本目录

顺序号	文件名称	单位	数量	备注
1	福建省上杭县紫金山铜金矿床实物地质资料采集计划	册	1	word
2	福建省紫金山西北矿段铜矿（ZK306）岩矿心移交登记表	册	1	14页
3	福建省紫金山东南矿段铜矿（ZK4002）岩矿心移交登记表	页	1	
4	福建省紫金山西北矿段铜矿（ZK305）岩矿心移交登记表	册	1	17页
5	紫金山金铜矿区西北矿段铜矿部分资料复印件移交清单	页	1	
6	福建紫金山铜金矿部分钻孔岩矿心移交说明	页	1	
7	福建紫金山铜金矿岩矿心整理包装相关资料收集工作情况说明	册	1	4页
8	技术服务合同	份	1	2页
9	化学分析报告	册	1	39页
10	岩矿鉴定报告	册	1	24页
11	钻孔质量验收报告	册	1	7页
12	ZK305 钻孔地质记录簿	册	1	125页
13	ZK306 钻孔地质记录簿	册	1	144页
14	ZK4002 钻孔地质记录簿	册	1	101页
15	ZK305 钻孔综合地质记录簿	册	1	74页
16	ZK306 钻孔综合地质记录簿	册	1	52页
17	ZK4002 钻孔综合地质记录簿	册	1	24页
18	ZK305 钻探工作采样记录簿	册	1	55页
19	ZK306 钻探工作采样记录簿	册	1	51页
20	ZK4002 钻探工作采样记录簿	册	1	46页
21	ZK305 岩心整理记录表	册	1	62页
22	ZK306 岩心整理记录表	册	1	32页
23	ZK4002 岩心整理记录表	册	1	15页
24	ZK305 岩心扫描记录表	册	1	25页
25	ZK306 岩心扫描记录表	册	1	41页
26	ZK4002 岩心扫描记录表	册	1	26页
27	ZK305 岩心货位表	册	1	18页
28	ZK306 岩心货位表	册	1	16页
29	ZK4002 岩心货位表	册	1	9页

注：在这档资料中，1~8册文件可以组为一册，作为采集实物资料过程时产生的资料，做好册内目录。其他原始资料可以以钻孔为单位，将一个钻孔的相关资料组为一册，即可将 ZK305 的原始地质编录、综合地质编录、采样记录簿及化学分析报告、岩矿鉴定报告等组为一册（若超过册厚度要求，则可组为两册或更多）；但不能将实体资料整理过程中形成的资料与原始地质资料文本共同组一册，即 ZK305 的原始地质记录表与在整理过程中形成的岩心整理记录表或数字化过程时形成的岩心扫描记录表就不可以组成一册

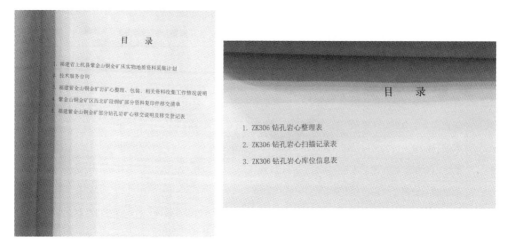

图 5.5　册内目录展示

3）资料的排序。总体来讲，文本在前，图件在后，综合性资料在前，具体性资料在后，具体如下（图 5.6）：

图 5.6　资料排序展示

文本资料：按照实物地质资料管理工作的基本流程排序，原始地质资料文本在前，然后是实物整理过程中形成的文本，接着是实物扫描数字化过程中形成的文本，无法分类的资料放在最后。后期形成的文本，如服务利用过程中形成的文本，放在最后。此外，实物编号小的在前，编号大的在后，如"ZK001 原始地质编录"在前，"ZK002 原始地质编录"在后。

图件资料：总体上是"由面到线、由线到点"的顺序，如平面图、剖面图、柱状图，其他图件在最后（图 5.7）。此外，实物编号小的在前，编号大的在后，如"ZK001 钻孔柱状图"在前，"ZK002 钻孔柱状图"在后。

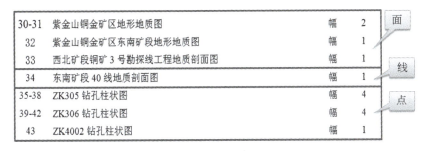

图 5.7　图件资料排序展示

4）资料标识。纸质资料组册完成后，要通过盖章的方式对其进行标识，加盖以下几种章：

在文本资料的左上角，图件资料的图签旁，加盖档案管理章，档案管理章应包含保管单位和档号等信息（图 5.8）。盖章时不得遮盖任何有用信息。档案管理章为红色字体，美观大方，以国土资源实物地质资料中心为例，格式如下：

图 5.8　档案管理章格式

文本类顺序章：以"册"为单位，在文本资料的右上角，加盖"册号章"，"册号章"由 W+册位号构成，如第三册文本的"册号章"为"W03"。

W03

图件类顺序章：由于收集的图件为在原始地质资料中抽取的若干图件，因此原始的图号、顺序号已经不连续，需要重新编排图号、顺序号，如"1-1"。

1-1

密级章：加盖资料的密级章，如"秘密"、"机密"等。

机密　　秘密

盖章原则：所有新盖章要在空白处加盖，不能覆盖原有内容。对于图件类，在折图后的责任签旁加盖（图5.9）。

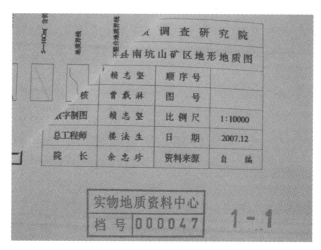

图5.9 图件盖章展示

资料装订：对于未装订的纸质资料，要统一进行装订。其中单册厚度大于或等于5毫米的资料，建议为胶装；单册厚度小于5毫米的，建议线装（图5.10）。其他注意事项如下：地质资料成册装订的文件必须采用利于长期保存的装订方式，不能使用塑料制品、普通铁钉等易老化、易腐蚀的装订材料。推荐使用环保的乳胶。成册装订不能用硬皮。A3成册文件装订在短边，超过A3幅面的图件不推荐装订成册。横页或者横页排版的表格，一律从左至右装订。

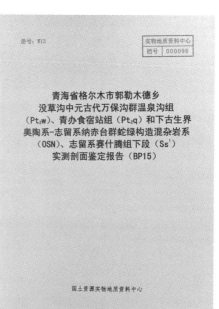

图5.10 资料装订后展示

资料装盒：资料的盒（袋）应符合规定，即长 30 厘米，宽 22 厘米，厚度一般不超过 10 厘米。按照资料排序进行装盒，排序在前的资料在上，排序在后的资料在下。资料装盒时需根据资料厚度，选择适当尺寸的资料盒。盒内资料的目录打印后放置于每一盒最上面。

根据一档资料的多少选择不同规格的档案盒，一档资料尽可能装在一个盒内，档号不同的资料不能装在一个盒内。

盒外应标注馆藏机构标识、档号、密级等，采用黑色字体标识。密级的确定以盒内密级最高的资料为定密标准（图 5.11）。

3. 电子资料的整理与组织

将档案资料数字化既可以延长档案资料的保管寿命，又可以对档案资料进行有序化的管理，便于数据的统计与检索利用，并对建立电子阅览室做好前期的准备工作。

图 5.11　资料盒外标识

（1）资料范围

归档电子资料分为两类：一类是与纸质资料相对应的电子资料，如各类文本、图件的源电子文件、扫描数字化后形成的电子文档等；另一类是实物扫描数字化后形成的各类数据，如岩心扫描图像、标本照片、光（薄）片照片、数据库等。

（2）工作方法及流程

纸质资料的扫描数字化及源电子文件格式的转换。电子资料的整理与组织，首先要对接收到的没有电子资料的纸质资料进行扫描数字化，包括地质编录、图件、表格、整理及扫描数字化过程中形成的文本资料等。其工作方法及要求参照《图文地质资料扫描数字化规范》（SZ1999001—2000）执行。

将接收的源电子文件转换成存档电子文件。例如，《实物地质资料采集计划》是 .doc 格式的文件就要转化为 .pdf 格式的文件作为电子文件进行存档。

电子资料的分类及代码。根据实物地质资料相关电子资料的内容，将电子资料分为文本类、图件类、数字化类及其他类，每一大类下细分为不同的小类（表 5.7）。

表 5.7　电子资料分类及代码表

序号	电子资料分类	电子资料代码	资料范围
1	文本类	W	原始地质资料电子文本及扫描件，实物资料整理及数字化过程中形成的文本扫描件
2	图件类	T	各类平面图、剖面图、柱状图的 .pdf 文件等

续表

序号	电子资料分类	电子资料代码	资料范围
3	数字化类	S	岩心扫描图像数据、标本照相数据、光（薄）片显微照相数据以及对应的数据库等
4	其他类	Q	无法归到以上四类的资料，统一归为其他类

电子资料的排序。对于文本类和图件类的排序方法，与纸质资料相同。对于数字化信息和其他信息，按照资料归档的时间顺序排列，先归档的排在前，后归档的排在后。

编制电子文件名。参照成果地质资料管理技术方法，电子文件按照其类别进行命名。文件名由 8 个字符组成（不包括文件名后缀），按其标识作用的不同，分为 3 个部分：类别位、册序位、文件序号位（图 5.12）。

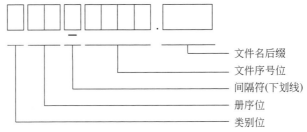

文件名后缀
文件序号位
间隔符(下划线)
册序位
类别位

图 5.12　电子文件名示意图

类别位（第 1 位）。标识该电子文件的类别，类别代码。

册序位（第 2~3 位）。册序位用于标识该电子文件所在分册的顺序。册序位的值为 01~99。若其值小于 10，册序位的第 1 位填充"0"。

未组册的图件，每一张图的册序位取值"01"，图册要按照不同的册序位命名，如一个案卷中有 12 张图和 2 个图册，12 张图按照 T01_0001.jpg–T01_0012.jpg 命名，第一个图册按照 T02 命名，图册中的每一页占一个文件序号位，如第一页图命名为 T02-0001.jpg、T02-0002.jpg……，第二个图册按照 T03 命名，图册中的每一页占一个文件序号位，如第一页图命名为 T03-0001.jpg、T03-0002.jpg……。

文件序号位（第 5~8 位）。标识该电子文件在本分册中的顺序。同一分册电子文件的文件序号从"0001"起连续取值。

组织电子文件采用"三级目录"的组织方法。在档号文件夹下设"存档电子文件"和"源电子文件"两个文件。同时在两个文件夹外设一个"文件级目录（.xls）"的文件，用于记录地质资料的目录等信息（表 5.8 和表 5.9）。

表 5.8　电子文件组织结构表

一级目录	二级目录	三级目录
档号	源电子文件	按照电子文件命名方法命名的单个文件或文件夹
	存档电子文件	
	文件级目录	

表 5.9　文件级目录（填写范例）

＊＊＊省＊＊＊市＊＊＊矿区岩心

档号：

文件类别	册号/图号	文件题名	存档电子文件名	页数	盒号	实物类别	实物保管单位	备注
文本资料	W01	ZK001 钻孔原始地质编录表	W01_0001. pdf	21	1			
		ZK002 钻孔原始地质编录表	W01_0002. pdf	33	1			
	W02	ZK001 钻孔综合地质记录	W02_0001. pdf	22	1			
	W03	ZK002 钻孔综合地质记录	W03_0001. pdf	32	1			
图件资料	1-1	1-1 ZK001 钻孔柱状图 1/5 百	T01_0001. jpg		2			
	1-2	1-2 ZK001 钻孔柱状图 1/5 百	T01_0001. jpg		2			
	2-1	2-1 ZK001 钻孔柱状图 1/5 百	T01_0002. jpg		2			
数字化资料	/	ZK001 岩心扫描图像	X01_0001. jpg		2			
	/	ZK002 岩心扫描图像	X01_0002. jpg					
实物资料	/	ZK001 全孔岩心	1000 米			I 类	国家馆	
	/	ZK002 全孔岩心	1000 米			I 类	安徽馆	
其他	Q01	实物地质资料目录清单	Q01_ 0001. pdf	1	1			

注：图号为馆藏机构新编排的号码，"/"代表不用填写

一级目录。用档号命名文件夹，组建一级目录（图 5.13）。

000242　　000243　　000244　　000245　　000246

图 5.13　一级目录展示

二级目录。用"源电子文件"和"存档电子文件"命名文件夹，用 Excel 表格建立《文件级目录》，直接存放在一级目录下，组建成二组目录（图 5.14）。

存档电子文件　　源电子文件　　电子文件级目录

图 5.14　二级目录展示

三级目录。单个文件直接按照电子文件命名规则命名后存放在二级文件夹下，若单个文件为文件夹时，将文件夹按照电子文件命名规则命名后存放在二级文件夹下。例如，对

于图件类的源电子文件，一般是按照一张图一个文件夹组织，要在"源电子文件"目录下按照一张图件一个子目录的原则再建立若干个三级目录，每一个子目录的名字就是该图的电子文件名（即是 Txx_xxxx.xxx）。如果各图件的源电子文件是用同一工具软件形成的，运行时所必需的库文件相同，则可以将这些库文件直接放在"源电子文件"目录，但此时应在卷内进行说明。对于实物扫描数字化资料，直接在"存档电子文件"目录下建立一个名为"Xxx_xxxx.xxx"的三级目录，然后再将数据按照其原有的目录结构分类存放到该目录中（图5.15）。

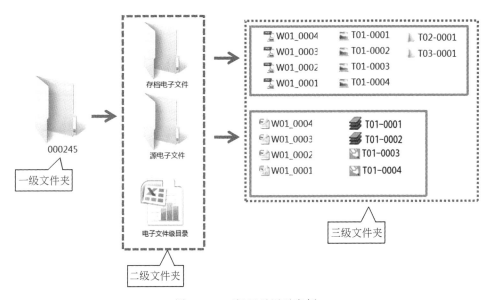

图 5.15　三级目录展示实例

（五）　编制目录

在实物地质资料建档的过程中，同时编制案卷级目录和文件级目录，并根据资料归档情况，实时对目录进行更新。

1. 编制案卷级目录

为便于资料的管理与服务利用，馆藏机构应编制总的实物地质资料案卷级目录，登记每档实物地质资料所包含资料的种类、数量等信息（图5.16）。

2. 编制文件级目录

每一档资料都要编制文件级目录，按照资料的排序规则，登记该档资料的电子文件名、单个文件题名、数量等信息，文件级目录格式。单个文件题名的命名方法如下。

（1）文本资料的文件题名

采用资料的原始题名，避免用简称。

（2）图件资料的文件题名

一般为"图号–顺序号+图名+空格+比例尺"的方式，如"1-1 河北省承德市黑山铁矿普查 ZK001 钻孔柱状图1/5 百"。图号由档案管理人员编排流水号作为图号；顺序号是

附表6 案卷级目录（填写范例）

档号	案卷题名	钻孔数	孔深合计	岩屑数	图幅数	标本	大型标本数	薄片数	光片数	样品数	副样数	文本	图件	实物类别	保管单位	保管单位档号	所属工作项目名称	项目编号	汇交人	资料接收时间	备注
		个	米	袋	幅	块	块	片	块	袋	袋	册	张								
001	安徽省马鞍山市和尚桥铁矿岩心及标本	3	3000			50						100	50	I类	国家馆	001	安徽省马鞍山市和尚桥铁矿详查	1212025890 00	安徽省地质调查研究院	2015 0525	
		2	2000									40	20	I类	安徽馆	008					
		10	10000									1000	500	I类	安徽省地质调查研究院	002					

注：实物类别填写"Ⅰ或Ⅱ类"，其他需要特殊说明事项，在备注中填写。

图5.16 案卷级目录范例展示

当一个图因幅面过大被分为几幅时，为每幅图编排的流水号，如图号为2的钻孔柱状图被分为1幅，那么3幅图依次为"2-1和2-2"，但其电子文件名是相同的。

（六）电子资料备份

1. 备份介质及份数

1）为了确保电子资料的安全性，应采用至少三种介质、至少两种移动存储介质进行备份。参照成果地质资料备份的技术方法，一般为光盘两套（蓝光光盘一套、档案级光盘一套）、硬盘一套、磁带一套、服务器一套。

2）由于光盘边缘部分易损坏从而造成资料丢失，因此对光盘进行刻录时不宜完全刻满，一般不超过光盘容量的80％。

3）按照《成果地质资料管理技术要求》（DD2010—06）第7.2.7.3条之规定，一份电子文档应尽量存储在同一存储介质中。

4）实施办法。由于相关资料需要进行规范化整理，整理过程中资料的名称、组织形式、格式等会发生变化，因此不宜直接实现一式6份备份。首先实现移动硬盘2份、服务器1份，一式3份备份。相关资料规范化整理过程中，完成1档，对电脑、移动硬盘和单位服务器中的数据进行定期更新；同时将完成规范化整理的电子文件进行档案级光盘刻录，规范化整理资料的数量达到一定规模后，可集中进行磁带烧录（表5.10）。

表5.10 相关资料备份方法

	规范化整理前		规范化整理后				
介质	移动硬盘	服务器	移动硬盘	服务器	档案级光盘	灾备	磁带
份数	2份	1份	2份	1份	1份	1份	1份
更新方法			以档为单位更新	每个月底集中更新	以档为单位进行刻录	每个季度刻录、备份1次	每年烧录1次
总计	3份		6份				

实物数字化资料备份方法、介质、份数及更新方法见表5.11。

表5.11 实物地质资料数字化资料备份方法

介质		移动硬盘	服务器	档案级光盘	灾备	磁带
份数		2份	1份	1份	1份	1份
更新方法	岩心扫描	每个月底集中更新	每个月底集中更新	每个月底集中刻录	每个季度刻录、备份1次	每年集中烧录1次
	标本照相	以档为单位更新	每个月底集中更新	以档为单位进行刻录	每个季度刻录、备份1次	每年集中烧录1次

2. 载体外标签的编制

存储载体应带有外包装盒，光盘、硬盘和磁带的外包装盒上还应贴有标签（表5.12）。

表5.12 载体外标签（样式）

载体编号		形成时间		刻录人	
容量（MB）		密级			
存储内容：					

3. 载体编号

按照《成果地质资料管理技术要求》（DD2010—06）第7.2.7.2条之规定，每一个存储载体都应编制载体编号，按照载体类型划分，每一档内每个载体均按顺序编流水号，具体如下：

1）硬盘号：硬盘存储容量大，一块硬盘可存储大量资料，因此采用"YP–流水号"的方法编制，如"YP-1"、"YP-2"。

2）光盘号：采用"档号+GP–流水号"的方法编制，如第100档内的第1、2张光盘的编号分别为："000100GP-1"、"000100GP-2"。

3）磁带号：采用"CD–流水号"的方法编制，如"CD-1"、"CD-2"。

4. 载体组织

光盘类载体由于份数较多，因此要统一放置在防磁柜中，按照档号顺序排列，同一个档号的同一类载体应放置在一起，如000001档备份的档案级光盘应放在一起，000001档的蓝光光盘放置在一起。服务器和硬盘类载体份数少，但要做到不同备份载体内备份内容的同步更新。

5. 载体保管环境要求

按照《电子文件归档与管理规范》（GB/T 18894—2002）第9.4条之要求，归档电子文件保管除应符合纸质档案的要求外，还应符合下列条件：

1）归档载体应作防写处理。避免擦、划、触摸记录涂层。

2）单片载体应装盒，竖立存放，且避免挤压。

3）存放时应远离强磁场、强热源，并与有害气体隔离。

4）资料库房的温度应控制在14~24℃，日变化幅度不超过±2℃；相对湿度应控制在

45%～60%，日变化幅度不超过±5%。

6. 载体状态抽检

按照《电子文件归档与管理规范》（GB/T 18894—2002）第9.5条之规定，档案保管部门每年均应对电子文件的读取、处理设备的更新情况进行一次检查登记。设备环境更新时应确认库存载体与新设备的兼容性；如不兼容，应进行归档电子文件的载体转换工作，原载体保留时间不少于3年。保留期满后对可擦写载体清除后重复使用，不可清除内容的载体应按保密要求进行处置。

对磁性载体每满2年、光盘每满4年进行一次抽样机读检验，抽样率不低于10%，如发现问题应及时采取恢复措施。对磁性载体上的归档电子文件，应每4年转存一次。原载体同时保留时间不少于4年。

第六章　实物地质资料整理技术方法

一、实物整理技术要求

开展实物地质资料整理工作的原因是从各单位、各种途径汇聚而来的实物地质资料，其清洁、完好程度不同，装具的规格不同，标识的格式、方法等也有所不同。开展实物地质资料整理工作，一方面要对实物地质资料进行清洁，去除混入的外来物质；另一方面，进行统一的清点和组织，使其达到有序化；同时，统一实物的装具、标识等，使其达到规范化的组织形式。实物的整理环节，从实物到达馆藏机构或保管单位开始，至实物清洁有序、标识齐全的存储保管为止（图6.1）。

图6.1　岩心整理过程展示

整理所需的场地应专事专用，干净明亮。岩心整理空间建议不小于200平方米。标本整理空间建议不小于100平方米。薄片整理空间建议不小于50平方米（图6.2）。同时，实物整理产生的粉尘较多，因此整理间应为独立一间，或与其他房间设置较好的隔离措施，防止粉尘对设施设备造成影响。整理过程所涉及的设备与工具、辅助工具等性能应安全稳定，便于人员操作（图6.3）。

图6.2　岩心整理现场

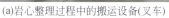

(a)岩心整理过程中的搬运设备(叉车)　　　(b)岩心和标本整理的部分辅助工具

图6.3　岩心和标本整理过程中的部分设备与工具

　　整理人员应经过相关培训，尤其是基础地质、安全操作与整理技术方面的培训，确保整理过程安全，整理结果符合技术要求。做好整理人员的劳动保护，防尘尤为重要，工作过程中应佩戴具有防尘功能的口罩。

二、实物地质资料整理工作遵循的原则

1. 资料原始性

　　保持资料的原始性是档案管理工作的重要原则之一，整理过程须保持实物地质资料的原始顺序和标识，除特殊情况外，不得进行加工处理；除非原始标识存在明显的错误，否则尽可能不要改动实物地质资料的原始标识和数据，存在疑义的在备注中说明。

　　1）如某个回次岩心长度经丈量与原始地质编录中的岩心长度不一致，应以原始地质编录中的岩心长度为准。

2）某个岩心采取率超过 100% 时，可考虑是否有残留岩心、岩心牌摆放位置是否正确，或岩心牌上的数据是否正确，可通过核对上下回次进行修改。

2. **标识清晰性**

各种标识信息应齐全、清晰，便于查看。标识原则上保留在原处；新增标识不得掩盖重要地质特征，如对标本进行刷漆编号时，不能覆盖地质特征明显、显著的部位（沉积层理、典型矿物等），尽可能地选择地质特征不明显的部位进行（图 6.4）。

图 6.4　标本表面标识

3. **数据准确性**

整理过程中形成的各种表格数据应准确无误。整理过程中应采用可靠的计量工具、计量单位和科学计算方法计量各类数据，确保数据准确。例如，测量岩矿心长度精度为厘米级；测量岩矿心直径精度为毫米级；样品质量精度为克。又如，某回次岩心长度是 2.16 米，某段岩心的直径是 9.8 毫米，某袋样品重 58 克等。

三、岩心整理

（一）岩心整理工作流程

岩心整理工作的流程是：核对岩心→清洁岩心更换装具→测量岩心长度→编写岩心整理表→质量验收→分配货位→岩心整理资料归档（图 6.5）。

（二）岩心整理工作方法

1. **核对岩心**

根据钻孔编录表，按回次核对岩心（表 6.1）。将岩心箱按编号由小到大的顺序整齐排列好，凭验收清单核对矿区名称、钻孔编号、孔深和箱数，逐箱进行开箱和检查核对，

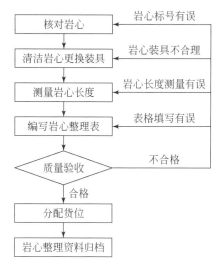

图 6.5　岩心整理工作流程

记录并处理发现的问题，主要核对的内容包括：

表 6.1　核对岩心记录表

编码：　　　　　　　　　　　　　　　　　　　　　　　　　　　记录编号：

移交部门						
矿区名称						
钻孔编号	孔深（米）	数量（箱）	岩心箱包装情况	岩心清洁情况	抽检率（%）	备注
移交人签字（采集）					年　月　日	
核对人签字（库房）					年　月　日	
临时档号						

1）核对装具是否破损，岩心是否混乱；

2）核对岩心是否连续，数量是否齐全；

3）核对岩心牌、取样牌、回次号等各类标识是否完整清晰；

4）查看岩心的物理状态，包括破碎程度、污损程度和主要岩性等，为后续的清洁工作做好准备。

核对岩心时出现的特殊情况，在岩心整理小结中要说明。

2. 清洁岩心

将岩心表面的灰尘、污垢等清洁干净，至岩心露出清晰层理及构造特征为止。根据每一箱岩心的原始情况，对岩心进行分类清洁。清洁过程中，轻取轻放，尽量避免岩心的人为破坏，同时也要避免在清洁过程中由于操作不当对岩心造成的二次污染或破坏（图6.6）。

图 6.6　岩心清洁前后对比展示

清洁工具可使用气泵、硬毛刷、软毛刷、毛巾等。清洁后，岩心自然晾干，不可烘干。清洁过程粉尘较大，应对工作人员做好劳动保护工作，对附近的设施设备做好防尘工作，同时岩心清洁场所应定期除尘。常见岩心的清洁方式如下：

1）岩石硬度Ⅰ～Ⅳ级的最坚固至比较坚固的岩心，如石英岩、铁矿石等，用清水或硬毛刷清除岩心表面的泥土及污物，用气泵或软毛刷去除岩心表面的尘土，用湿毛巾将岩心表面的微尘清除。使用金属工具时，避免产生划痕对岩心造成污染（图6.7）。

图 6.7　坚硬岩心清洁后岩心展示

2）岩石硬度Ⅴ～Ⅹ级的中等坚固至松散或易破碎的岩心，如泥质页岩、不坚固砂岩等，直接使用毛巾或软毛刷擦拭，避免使用坚硬的工具和气泵。

3）易潮解的岩心，如岩盐、石膏等，应使用干布擦拭，禁止接触水；遇水膨胀的岩心，用湿度适宜的抹布将岩心外表面擦拭干净；渗透性较高的岩心，宜用钝刃的刀子将污物刮掉。

4）岩屑、土壤、泥煤等碎屑岩心样，应挑拣出其中的混杂物（图6.8）。

5）对于原始岩心采取了较好防尘措施的，若层理及构造特征清晰可见，可以不清洁（图6.9）。

6）特殊要求的岩心，如石墨岩心等，使用到的辅助工具应使用木质或者塑料质，避

图6.8　松散岩心清洁后展示

图6.9　无需清洁的岩心展示

免使用金属材质工具。

3. 更换装具

条件好的单位，为了便于统一管理，建议更换材质、规格统一的岩心箱；条件一般的单位，为降低工作成本，可仅更换已经破损的岩心箱。

（1）装具要求

岩心箱材料要求化学性质稳定、耐风化、使用寿命在30年以上。根据库位尺寸（长、宽、高）确定岩心箱的尺寸规格，不同规格的岩心箱的外围长宽应一致，高度根据岩心直径不同而变化，以确保不同规格的岩心箱能够整齐码放在一起（图6.10）。

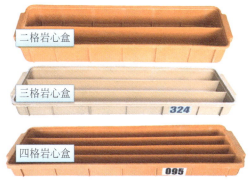

岩心盒的尺寸：105厘米×28厘米×h
岩心盒的长度和宽度是固定值，以保证不同格数的岩心盒均能整齐地码放在一起，但由于存入岩心的直径不同，所以岩心盒高度有所差异。h_1:10厘米；h_2:15厘米；h_3:20厘米

图6.10　岩心箱展示

（2）更换岩心箱

按照钻孔回次从浅到深的顺序将入库岩心移入新岩心箱。倒箱前，要对新岩心箱进行编号，可以使用阿拉伯数字，1，2，3…，依次排编流水号。摆放时，工作人员面对新岩心箱的岩心箱号，按照按从左到右、从上到下的顺序依次将岩心从旧岩心箱转移到新岩心箱中。岩心带有标识的一面向上，劈样岩心放置时劈开面朝上，有方向线的，要将方向线对齐。在倒箱过程中，要对接岩心，使岩心紧密排列，避免人为拉长岩心，一格岩心结尾若有多余空间时，应插入挡板卡住本格岩心。不同钻孔的岩心，不能放入同一个岩心箱内（图6.11）。

图6.11 岩心倒箱过程示意图

（3）制作岩心标识牌

一个回次摆放完成后，参照原始岩心标识的位置，插入标明回次号的回次隔板和新岩心牌，标识岩心信息。原有标识（如原有的岩心牌、取样牌等）应予以保留，可随新岩心牌一起放置在每一回次末尾处或统一放置在最后一个回次岩心的末尾处，便于后期发现问题后进行查找、核对（图6.12）。对于条件一般的保管单位，原始岩心牌完好的可以不用制作新岩心牌，但应定期检查，及时更换破损或已字迹不清的岩心牌。

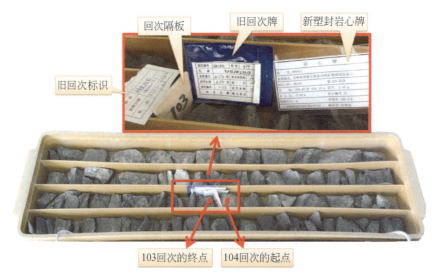

图6.12 岩心标识插放技术要点

隔板及岩心牌的制作（图6.13）：

岩心牌样式：

岩心牌	
档号：	
案卷题名：	
钻孔(井)：	第　　回次
孔深：　米	进尺：　米
岩心长：　米	岩心编号
残留岩心：　米	采取率
年　月　日	编录员

隔板样式：隔板上的数字
为岩心回次号

图6.13　岩心牌及隔板样式

制作：根据选择的岩心箱的规格，确定回次隔板和新岩心牌的大小，隔板一般为5厘米×5厘米的木板，放置于岩心箱隔槽内。新岩心牌内容参考《地质勘查钻探岩矿心管理通则》中的有关规定。

档号及案卷题名：馆藏机构赋予档号并编制案卷题名，若为地勘单位等保管单位，则填写项目名称、矿区或矿段名称等。其他内容以钻孔原始编录为依据填写钻孔相关信息处。

新岩心牌和原有岩心牌，均应防水、防潮、防腐蚀，能够长期保存不风化、褪色。可使用专业塑封机对岩心牌进行塑封（图6.14）。

（a)岩心牌制作过程

岩心牌	
档号：000420	
案卷题名：安徽省宁国市竹溪岭钨银(钼)矿普查岩心	
钻孔(井)：ZK709	第215回次
孔深：436.30~437.11米	进尺：0.81米
岩心长：0.81米	岩心编号3
残留岩心：　米	采取率100.0%
2013年2月25日至4月5日	编录员　许红兵

(b)岩心牌示意图

图6.14　岩心牌制作过程展示

（4）计算新岩心箱岩心的起止深度

将岩心移至新箱后，由于岩心箱的规格、岩心排列紧密程度等不同，原岩心箱和新岩心箱不能做到一一对应，因而每箱岩心的起止深度也有所变化，需要重新丈量并计算起止深度。根据不同情况采取以下几种方法。

a. 丈量岩心

需要丈量岩心时，应以丈量岩心中轴线为基本原则。

1）整块岩心丈量轴线长度；裂为数块能拼凑复原者，丈量复原后的中轴线（图6.15）。

2）若岩心一端或两端呈楔形有斜边时，均以斜边顶点算起（图6.16）。

3）无法复原的碎块，按相应岩心直径堆放丈量（图6.17）。

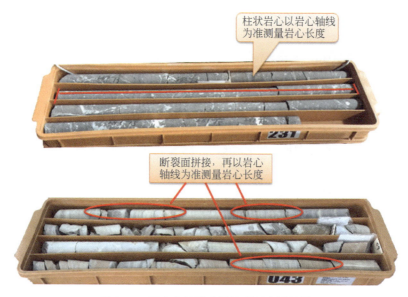

图 6.15　岩心中轴线丈量技术要点展示图

图 6.16　楔形岩心断面丈量技术要点展示图

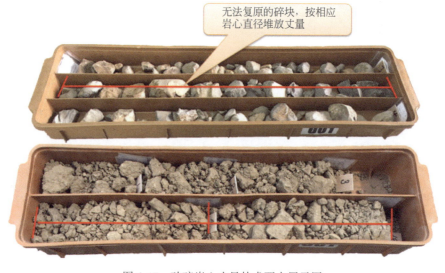

图 6.17　破碎岩心丈量技术要点展示图

4）当塑性岩（矿）心由于挤压变长，超过回次进尺者，按回次进尺100%计算其长度。

5）岩粉不计入岩矿心长度（本身为沙质，泥质岩心堆放长度不能超出进尺）。

6）原始岩心长度超出回次牌标注长度，应在整理表中说明（图6.18）。

图6.18　岩心丈量操作过程示意图

b. 计算方法

1）当新旧岩心箱换箱位置（起或止）相同时，将原值赋予新的岩心箱（图6.19和图6.20）。

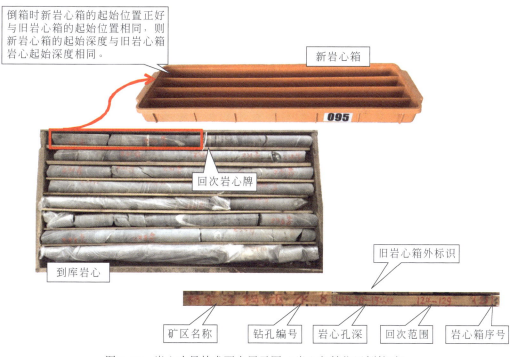

图6.19　岩心丈量技术要点展示图（岩心起始位置倒箱时）

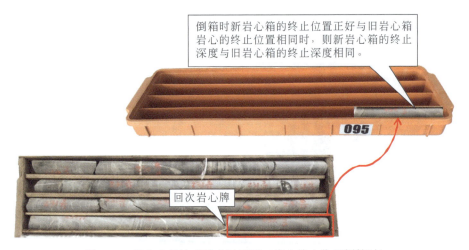

图 6.20　岩心丈量技术要点展示图（岩心终止位置倒箱时）

2）当新岩心箱正好从一个回次开始时，该回次岩心牌的起始深度为本箱岩心的起始深度（图 6.21）。

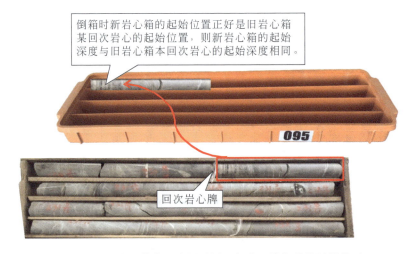

图 6.21　岩心丈量技术要点展示图（新岩心箱起始位置倒箱时）

3）当新岩心箱正好从一个回次结束时，该回次岩心牌的终止深度为本箱岩心的终止深度（图 6.22）。

4）当新岩心箱从某一回次中间开始时，首先要分别测量这一回次从起点至断开点与断开点至回次末的岩心实际长度，并分别记为 A1、A2，然后采用下列公式计算起止孔深（图 6.23）。

$$M = M1 + A1\left[(M2-M1)/(A1+A2)\right]$$

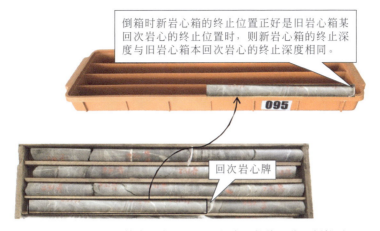

图 6.22　岩心丈量技术要点展示图（新岩心箱终止位置倒箱时）

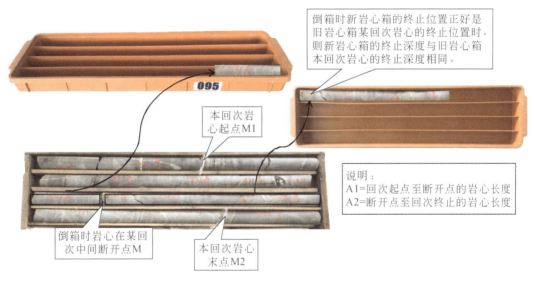

图 6.23　岩心丈量技术要点展示图（旧岩心箱中间位置岩心倒箱时）

式中，M2-M1 为本回次岩心的进尺；A1+A2 为本回次岩心的实际长度；M 为 回次中间断开点岩心的深度；M1 为本回次岩心的起始孔深；A1 为从回次起点至断开点的岩心实际长度；M2 为本回次岩心的起始孔深；A2 为从断开点至回次终止的岩心实际长度。

4. 编写岩心整理登记表

更换装具完成后，填写《岩心整理登记表》。《岩心整理登记表》应包含孔号、岩心长、回次及其深度、岩心箱号等信息。做到数据准确，内容齐全（图 6.24）。

岩心整理记录表的填写范例如下所示。《岩心整理登记表》包含档号、案卷题名、钻孔编号、箱号、起止回次、起止深度、回次、岩心长等信息（图 6.25）。

5. 质量检查

根据自检、互检、抽检，对倒箱岩心数量、新岩心牌、《岩心整理登记表》等进行质量检查，确保操作过程和数据准确无误。自检和互检率为 100%，抽检率 30% 及以上。

岩心整理登记表

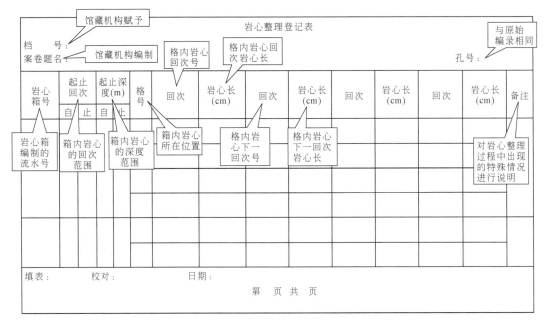

图 6.24　岩心整理登记表样式及说明

岩心整理记录表

档号：000276　　　　　　　　　　　　　　　　　　　　　记录编号：
案卷题名：湖北省宜昌市金昌石墨矿岩心及标本　　　　　　钻孔编号：ZK1211

岩心箱号	起止回次		起止深度(米)		格号	回次	岩心长(厘米)	回次	岩心长(厘米)	回次	岩心长(厘米)	回次	岩心长(厘米)	备注
	自	止	自	止										
1	1	5	0.00	14.41	1	1	40	2	28	3	30			
					2	3	35	4	25	5	38			第3格无岩心，说明1、2号为两格岩心箱
					3									
2					1		36	6	57					7~11回次岩心深度范围
					2	6	69	7	30					
					3									
3	7	11	20.53	31.70	1	7	50	8	49					每回次岩心所在格数及对应的岩心长度。例如，第3格有10、11回次的岩心，对应长度分别为49厘米及30厘米
					2	9	99							
					3	10	49	11	30					
4			31.70	34.70	1	12	80							
					2	12	99							
					3	12	81							
5	13	13	34.70	37.45	1	13	91							
					2	13	91							
					3	13	90							

（图中批注：此钻孔第3岩心箱；第3箱为7~11回次的岩心）

图 6.25　岩心整理记录表的填写示例及说明

6. 岩心存储入库

（1）分配存储空间

制作岩心库位标识。质量检查完成后，按岩心箱编号顺序，将岩心箱码放在托盘上。码放完成后，按照岩心箱数或所使用托盘数，分配库位（一个托盘占用一个库位）。库位分配按照岩心库架从下至上、承重均匀的原则进行分配。同一个档或项目的岩心，应集中存放在一个库位或多个连续相邻的库位上（图6.26）。为使岩心库利用率最大化，不同档或项目的岩心可以存放在同一个库位上，但是不能存放在同一个岩心箱内（图6.27）。

图6.26 岩心码放展示图

档号：000397 孔号：ZK1603
案卷题名：
吉林省临江市大栗子铁矿接替资源
勘查岩心及标本
总箱数145箱 箱号：126~145
孔深：505.85~580.75米
回次：178~204
C库货位号：020505

档号：000402 孔号：ZK2132
案卷题名：河南省桐柏县老湾金矿
接替资源岩心及标本
总箱数384箱 箱号：001~021
孔深：0.00~118.79米
回次：1~47
C库货位号：020505

图6.27 不同档岩心的存放方式展示图

每一个库位应有反映库位位置的唯一编号，一般可采用"行号"、"列号"和"层号"组合的编制方法，如"05 06 01"代表在第5行、第6列、第1层的库位。库位号分配完成后，编制岩心库位标签。将岩心库位标签粘贴在处于本库位中间部位的岩心箱侧面易于观察的位置（图6.28）。立体仓库库位号排列：排号+列号+层号（图6.29）。

图6.28　岩心库位标签

图6.29　立体仓储库位号排列方式示意图

（2）登记岩心存储位置信息

根据所使用岩心库的类别，登记岩心的存储位置。对于采用立体仓储岩心库的，编制岩心库位信息表。对于采用其他普通岩心库的，参照《地质勘查钻探岩矿心管理通则》，绘制岩心存放位置图或建立《岩心总账》（图6.30）。

普通岩心库建立《岩心总账》（图6.31）。

对完成库位标识后的岩心箱进行加固处理，如使用U形卡将相邻列的岩心箱卡在一起；做好防尘措施，如使用塑料防尘罩（图6.32）。存储时，严格按照所分配库位号，进行入库上架。

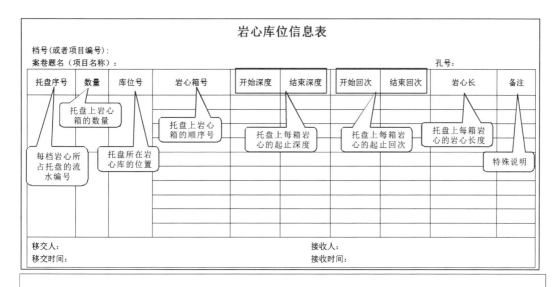

图 6.30　岩心库位信息表样式及填写示例

库位信息表的部分（下半部分）：

库 位 信 息 表

档号：000123

案卷题名：西藏曲松县罗布莎铬铁矿岩心　　　　　　　　　　孔号：ZK1202

托盘序号	数量	库位号	岩心箱号	起始深度	终止深度	开始回次	终止回次	岩心长	备注
1	12	063407	01	0.00	1.60	1	2	1.6	
			02	1.60	6.00	3	6	1.98	
			03	6.00	9.40	7	8	1.98	
			04	9.40	14.40	9	12	1.98	
			05	14.40	18.60	13	15	1.69	
			06	18.60	21.50	16	17	1.69	
			07	21.50	24.50	18	19	1.59	
			08	24.50	28.00	20	21	1.98	

岩心总账

入库日期	库内位置×库×区	矿区名称（全称）	项目名称	入库孔数	钻孔编号（按孔单列）	箱数	岩心长（米）	备注

单位名称：　　　　　　　　　　　　库址：

图 6.31　岩心总账格式

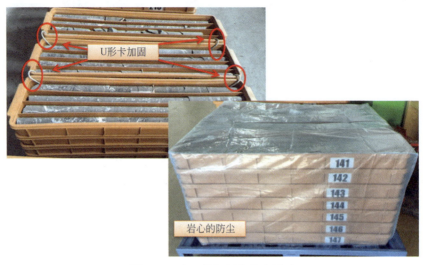

图 6.32　岩心箱加固和防尘展示

7. 编写整理小结及归档整理信息

每档（或每个项目）岩心整理完毕后，需填写岩心整理小结，记录岩心整理过程中遇到的问题和处理方法，整理完成后的岩心总长度、资料齐全情况、库位使用数量等内容（图 6.33）。

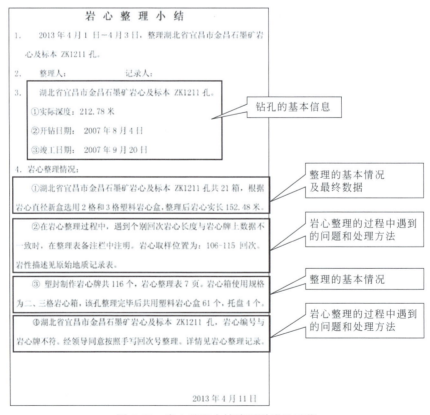

图 6.33　岩心整理小结编写说明及示范

将整理过程、结果的记录（如岩心整理登记表、库位信息表或岩心总账、整理小结）作为相关资料归档。实物地质资料保管单位，应安排专人管理单位的岩矿心总账及岩矿心存放位置图。

四、标本的整理

（一）标本整理的工作流程

标本整理的工作流程如图6.34所示。

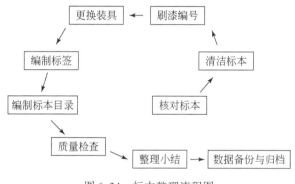

图6.34 标本整理流程图

（二）标本整理技术方法

1. 工作准备

（1）相关文件的准备

整理标本前应准备标本清单及原始编录，清单可核对标本，原始编录可核对标本名称及标本描述。

（2）标本的准备

将标本按顺序摆放到工作台上，按照标本清单及原始编录，核对标本的数量是否齐全，标本编号、名称是否与标本清单及原始编录一致。核对过程中，记录并处理发现的问题，如标本借出、碎裂、缺失等情况。

2. 清洁标本

将标本表面的粉尘、泥土等清洁干净，至标本表面干净，层理及构造特征清晰，便于标本观察、照相等工作。标本在清洁过程中，要注意轻拿轻放，爱护标本，避免造成破碎（图6.35）。

有些标本不建议清洁。例如，钾盐、镍盐类标本等（图6.36）。

清洁标本可使用毛刷、毛巾、气泵等工具，特殊（如石墨、煤、滑石标本等）要求的标本避免使用金属材质工具。

标本清洁方式，与岩心清洁方式相同，可参照使用。

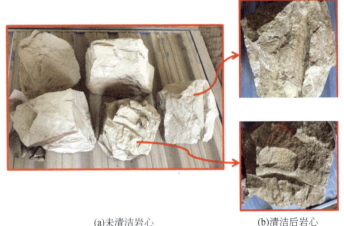

(a)未清洁岩心   (b)清洁后岩心

图 6.35   标本清洁前后对比

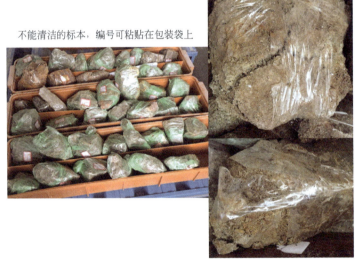

图 6.36   不建议清洁钾盐标本及放大展示

3. 制作标本标识

（1）标记标本编号

对于标记不规范或没有标记的标本，需按照标本编录表，在标本表面重新标记标本野外编号，标记的编号应易于长期保存。

标本清洁后，在每块标本的拐角平整且地质特征不明显的地方，标记标本野外编号，用油漆刷约 1 厘米×3 厘米的长方形，放置在阴凉通风处，待油漆干燥后，用油漆笔填写野外编号，编号要书写工整，字迹清晰（图 6.37）。

（2）编制标本标签

每一块标本都应编制标本标签，与标本一起放置于标本袋内。标本标签除应包含标本编号、名称等基本信息外，还应包含产生标本的矿区或项目信息，对于馆藏机构，为档号

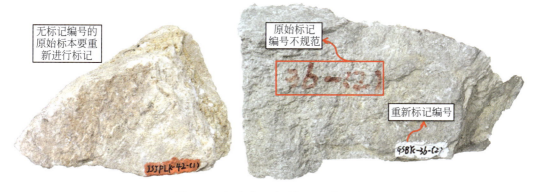

图6.37　标本表面编号标记要求示范

和案卷题名，对于地勘单位等保管单位，可以为项目名称、矿区或矿段名称等。

标本标签应防水、防潮、防腐蚀，能够长期保存不褪色，应可以使用专业塑封机对标签进行塑封（图6.38）。

标本标签		
档号	案卷题名	
序号		标本编号
标本名称		
采集位置		
采集人		采集日期
备注		

标本标签		
档号	000343	案卷题名	内蒙古包头市白云鄂博铁铌稀土矿典型标本
序号	66	标本编号	B033-2
标本名称	钾长花岗岩		
采集位置	X　4631026		
	Y　420919		
采集人	郑东	采集日期	2013年6月
备注			

图6.38　标本标签样式及填写示范

4. 标本装箱

（1）装具要求

标本箱材料要求化学性质稳定、耐风化、使用寿命在30年以上。标本箱应根据货位的空间尺寸（长、宽、高）确定标本箱的尺寸规格（图6.39）。

较小的标本可使用岩心箱存储，稍大的标本可存储在特制的标本箱内，标本箱的尺寸要符合入库要求，其码放的总尺寸不能大于托盘的长度。更大的标本也可直接放置于托盘上，做好防尘处理即可。

图6.39　定制标本箱侧面展示

（2）标本箱编号

可以使用阿拉伯数字，1，2，3…，依次排编（图6.40）。

（3）标本装袋

将标本和标本标签一起装入专用标本袋中，可使用透明塑料袋。将标签朝上，按照标本号由小到大的顺序，依次摆放在标本箱内。当标本较小时，可将标本依次紧密排列在一

(a)使用岩心箱存储标本的箱号   (b)定制标本箱存储标本的箱号

图 6.40　不同规格的标本箱编号

起，以节省存储空间（图 6.41 和图 6.42）。

(a)标本尺寸较大时，可将标签朝上，按顺序排列于标本盒内

(b)标本尺寸较小时，可将标签朝向一侧，按顺序紧密排列于标本盒内

图 6.41　标本装箱（使用岩心箱装具时）

图 6.42　标本装箱（使用定制标本箱时）

5. 编写标本目录

标本应以"档"或者"项目、矿区、矿段"为单位,编写《标本目录》,以便于数据组织管理。目录内容包括:标本编号、标本名称、标本类型、取样方法、采样层位、采样位置、地质特征描述、采集人、采集日期、影像名称、薄片编号、备注(图6.43)。

福建省永安市大湖镇李坊重晶石矿典型标本目录

档　　号:000349

案卷题名:福建省永安市大湖镇李坊重晶石矿典型标本

序号	标本编号	标本名称	标本类型	取样方法	采样层位	采样位置	地质特征描述	采集人	采集日期	影像名称	薄片编号	备注
1	LF-0	深灰色含碳质千枚岩	岩石标本	剥层法	$\epsilon_{1-2}1n^b5$	10线490米露头	深灰色,风化面铁锈色,千枚状构造。岩石层理发能,层厚很薄,仅0.1毫米左右,硬度很小。主要矿物为绢云母、石英等	林钻、邵伟	2013/7/29	000349BY1-1、000349BY1-2		
2	LF-0	深灰色含碳质千枚岩	岩石标本	剥层法	$\epsilon_{1-2}1n^b5$	10线490米露头	深灰色,风化面铁锈色,千枚状构造。岩石层理发能,层厚很薄,仅0.1毫米左右,硬度很小。主要矿物为绢云母、石英等	林钻、邵伟	2013/7/29	000349BY2-1、000349BY2-2		
3	LF-1	浅灰色薄层状板岩	岩石标本	剥层法	$\epsilon_{1-2}1n^b5$	10线490米露头	深灰色,薄层状构造,泥晶结构。岩石层厚仅0.1毫米左右,多组微裂隙发育,包括平直的和弯曲的裂隙。岩石经过一定风化,组成矿物包括绢云母、石英和泥质等	林钻、邵伟	2013/7/29	000349BY3-1、000349BY3-2		
4	LF-1	浅灰色薄层状板岩	岩石标本	剥层法	$\epsilon_{1-2}1n^b5$	10线490米露头	深灰色,薄层状构造,泥晶结构。岩石层厚仅0.1毫米左右,多组微裂隙发育,包括平直的和弯曲的裂隙。岩石经过一定风化,组成矿物包括绢云母、石英和泥质等	林钻、邵伟	2013/7/29	000349BY4-1、000349BY4-2		

图 6.43　标本目标填写示范

6. 质量检查

按照自检、互检、抽检的方式,对标本编号和装箱过程中形成的标本标签与《标本目录》等内容进行检查,确保标本整理结果符合要求,与标签、目录一一对应,数据准确。自检和互检率为100%,抽检率30%及以上。

7. 标本存储入库

(1)分配存储空间

制作标本库位标识。质量检查完成后,按标本箱编号顺序,将标本箱码放在托盘上。码放完成后,按照标本箱数或所占托盘数,分配库位。库位分配按照标本库架从下至上、承重均匀的原则进行分配。同一个档或者项目的标本,应集中存放在一个库位或多个连续相邻的库位上。为使标本架使用率最大化,不同档的标本可以存放在一个库位上,但不能装在一个标本箱中。

标本的码放与上架要求和岩心入库要求完全相同,可参照执行。

库位分配与岩心库位分配相同。库位分配完成后,编制标本库位标签。将库位标签粘贴在本库位处于中间位置的标本箱侧面易于观察的位置。一般与岩心箱号并排粘贴在一侧(图6.44)。

(2)登记标本存储位置信息

根据所使用标本库的类别,登记标本的存储位置。对于采用立体仓储标本库的,应编制标本库位信息表(图6.45)。对于采用其他普通标本库的,应绘制标本存放位置图或建立《标本台账》。

完成标本库位标识后,对码放整齐的标本箱进行加固处理,与岩心箱加固方法相同,即用U形卡将相邻列的标本箱卡在一起;做好防尘措施,如使用塑料防尘罩。存储时,严格按照所分配库位号,存入库位架(图6.46)。

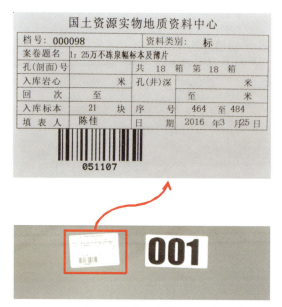

图 6.44 标本库位信息表填写及粘贴示范

福建省永安市大湖镇李坊重晶石矿典型标本库位信息表

档　　号：000349

案卷题名：福建省永安市大湖镇李坊重晶石矿典型标本

托盘编号	库位号	箱号	序号起	序号止	数量	备注
1	051206	1	1	12	12	
		2	13	24	12	
		3	25	35	11	
		4	36	48	13	
		5	49	56	8	
合　　计					56	

移交人：　　　　　　　　　　　　　　　　接收人：

移交时间：

图 6.45 标本库位信息表填写示范

图 6.46 标本箱防尘处理

8. 编写标本整理小结并归档整理资料

每个批次的标本整理完毕后，需填写标本整理小结，记录标本整理过程中遇到的问题和处理方法，整理完成后的标本总数、资料齐全情况、库位使用数量等内容（图6.47）。

四川省会东县大梁子铅锌矿标本整理工作小结

档号	000400	案卷题名	四川省会东县大梁子铅锌矿系列标本	
整理人	陈佳、朱有峰、高言梅、李沅柏		整理时间	2015年1月

1.1 标本整理结果： 60块标本统一清洁、刷漆、编号、照相、入库归档保管。

标本数量	60块	数字化标本数量	60块
标本照片数量	120张	照片内存	673MB
占用标本箱数	5	占用托盘数	1
其他情况			

1.2 存在问题： 无

标本核对情况	标本数量与标本原始编录表数量一致，一个编号两块标本。
标本目录内容齐全情况	标本信息齐全。
标本数字化情况	60块标本全部照相，照片数量120张，照片内存673MB。
其他情况	

1.3 整改说明

图 6.47 标本小结编写示范

将整理过程、结果的记录（如标本目录、标本库位信息表或标本台账、标本整理小结等）作为相关资料进行归档。实物地质资料保管单位，应安排专人管理标本台账（表6.2）。

表 6.2 标本台账样式

				标本（副样）台账				
序号	档号	矿区、项目或图幅名称	总数量	单位（块/袋/瓶）	库位号	负责人	归档时间	备注

五、光（薄）片的整理

（一）光（薄）片整理的工作流程

光（薄）片整理的工作流程如图6.48所示。

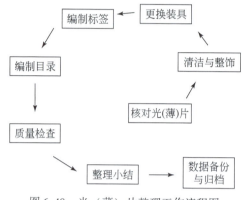

图6.48　光（薄）片整理工作流程图

（二）工作方法

1. 工作准备

相关文件的准备：光（薄）片鉴定表。

光（薄）片的准备。按照光（薄）片清单以及岩矿鉴定报告，核对光（薄）片的编号、数量是否与光（薄）片清单一致，光（薄）片是否与岩矿鉴定报告一一对应，同时查看光（薄）片的污染和破损程度等。核对过程中，记录发现的问题。

2. 光（薄）片清洁与整饰

对于污浊、破损、标识不清的光（薄）片要进行统一的清洁、整饰工作。

1）将光片在擦拭板上擦拭，除去磨光面上的灰尘及油污，使光片表面洁净、光滑。将薄片用软布擦拭，去除盖玻片上的指纹印、灰尘等，使薄片表面干净（图6.49）。

图6.49　清洁后薄片

2）对于破损但未损失关键部分仍能继续使用的薄片，可利用在薄片上包裹纸条的方式加长载玻片长度以便使薄片可稳定放入薄片盒的卡槽中（图6.50）；对于破损且无法使用的，鉴定为损毁进行销毁。

图6.50　破损薄片

3）光（薄）片标识破损或不清晰的，要补充新的标识。光片的标识一般在光片侧面不影响观察的部位用油漆笔书写（图6.51），薄片的标识为用小刀刻在薄片两侧的空白处，或粘贴标签。

图6.51　光片标识

3. 更换装具

条件好的单位，为了便于统一管理，建议更换统一材质、规格的光（薄）片盒，条件一般的，为降低工作成本，可仅更换已经破损，不适宜长期保管的光（薄）片盒。

（1）装具要求

以耐老化的木质、塑料质装具为首选，禁止使用金属材质装具。薄片使用带卡槽的薄片盒，光片使用有格子分隔的百格盒。根据光（薄）片尺寸选择合适规格的装具，以使光（薄）片得到固定且不相互接触为宜，防止光（薄）片因长期接触而粘连在一起。

（2）摆放光（薄）片

准备装具。根据光（薄）片的规格，选择合适的装具，编制光（薄）片盒编号，可以使用阿拉伯数字1，2，3，…，依次排编。

1）将薄片按照序号从小到大的顺序，在薄片盒内从上到下、从左至右依次摆放，标识朝向同一个方向。不同剖面的薄片可以装入同一个盒内，但相邻两剖面薄片之间需空出一个槽位。不同档或项目的薄片不可放入同一个盒内（图6.52）。

图6.52　薄片装盒情况展示

2）将光片按照序号从小到大的顺序，在光片盒内从左到右、从上到下的顺序依次摆放。不同剖面的薄片可以装入同一个盒内，但相邻两剖面光片之间需空出一个槽位。不同档或项目的光片一般不入同一个盒内（图6.53）。

图6.53　光片装盒展示

（3）编制光（薄）片盒内、外标签

编制盒内标签。薄片的盒内标签为盒内薄片的详细目录，粘贴在薄片盒盖内侧，应与薄片一一对应。光片盒内标签参考薄片盒内标签，确保标签与光片一一对应（图6.54）。

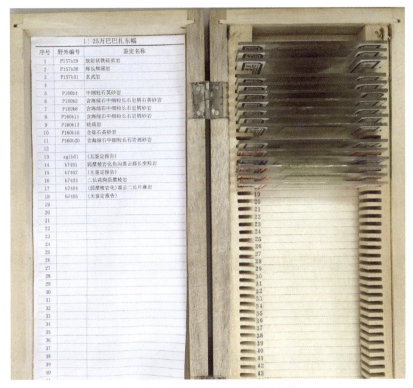

图6.54　薄片盒内目录及填写示范

编制盒外标签。光（薄）片的盒外标签为盒内光（薄）片的统计信息（图6.55）。

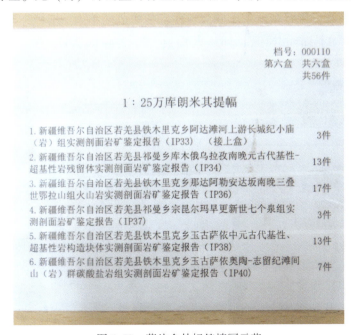

图6.55　薄片盒外标签填写示范

4. 编写光（薄）片目录

光（薄）片整理完成后，应根据整理结果和光（薄）片鉴定报告填写《光（薄）片目录》（表6.3）。

表6.3　光（薄）片目录填写示范

1：25万尼玛区/热布喀幅薄片目录登记表

档号：000071

1. 昂仁县厄容石炭系–二叠系永珠组、拉嘎组实测剖面

序号	野外编号	野外定名	室内编号	镜下定名	库标本	备注
1	b3301/0–1	灰黄色流纹岩	2002–99	流纹质晶屑凝灰岩	无	
2	b3301/1–1	细粒石英砂岩	2002–100	硅质岩	无	
3	b3301/2–1	细粒石英砂岩	2002–101	泥质粉砂岩	无	
4	b3301/3–1	深灰色泥岩	2002–102	含粉砂质泥岩	无	
5	b3301/3–2	灰黄色泥岩	2002–103	泥质石英粉砂岩	无	
6	b3301/4–1	青灰色泥岩	2002–104	泥质石英粉砂岩	无	

5. 质量检查

按照自检、互检、抽检的方式，对光（薄）片和岩矿鉴定报告数量、状态和工作过程中形成的《光（薄）片目录》等内容进行检查，确保数据准确。自检、互检率为100%，抽检率30%及以上。

6. 光（薄）片存储入库

分配存储空间

制作光（薄）片库位标识。应设置专门的密集架或橱柜存放光（薄）片。质量检查完成后，将光（薄）片盒按照顺序依次码放在在密集架或橱柜中。橱柜外侧，根据光（薄）片存储情况，制作、粘贴标识信息，如粘贴库位标签，库位信息的制作以便于查找光（薄）片为目的（图6.56）。

图6.56　薄片存储展示图

库位号分配完成后，编制光（薄）片库位标签。将库位标签粘贴在库位架易于观察的位置。

登记光（薄）片存储位置信息。摆放好光（薄）片盒后，编制《光（薄）片库位信息表》，以便于查找利用（图6.57）。

<table>
<tr><td colspan="5">光(薄)片库位信息表
档号(或项目编号):
案卷题名（或项目名称）:</td></tr>
<tr><th>序号</th><th>库位号</th><th>盒号</th><th>数量</th><th>备注</th></tr>
<tr><td rowspan="4"></td><td rowspan="4"></td><td></td><td></td><td></td></tr>
<tr><td></td><td></td><td></td></tr>
<tr><td></td><td></td><td></td></tr>
<tr><td></td><td></td><td></td></tr>
<tr><td rowspan="4"></td><td rowspan="4"></td><td></td><td></td><td></td></tr>
<tr><td></td><td></td><td></td></tr>
<tr><td></td><td></td><td></td></tr>
<tr><td></td><td></td><td></td></tr>
<tr><td rowspan="2">⋮</td><td rowspan="2">⋮</td><td></td><td></td><td></td></tr>
<tr><td></td><td></td><td></td></tr>
<tr><td colspan="3">合　计</td><td></td><td></td></tr>
<tr><td colspan="3">移交人:
移交时间:</td><td colspan="2">接收人:
接收时间:</td></tr>
</table>

图6.57　光（薄）片库位信息表

7. 编写光（薄）片整理小结并归档整理信息

每个批次的光（薄）片整理完毕后，要编写光（薄）片整理小结。整理小结的内容应包括项目基本信息、光（薄）片总数、岩矿鉴定报告数量、整理过程汇总遇到的问题、处理方法等。

将整理过程及结果的记录表，如光（薄）片目录、光（薄）片库位信息表、光（薄）片整理小结等作为相关资料进行归档。实物地质资料保管单位，应安排专人管理光（薄）片台账。

六、副样的整理

（一）副样整理的工作流程

副样整理的工作流程为：核对副样→干燥副样→更换装具→编制副样目录→质量检查→归档信息。

（二）整理工作方法

1. 核对副样

将副样按顺序摆放到工作台上，对照副样清单或原始编录材料清点，核对副样的编号、数量等是否与副样清单或原始编录材料一致。核对过程中，记录发现的问题。

2. 干燥副样

对于需要干燥处理的副样，可采用自然阴干法或烘干法。干燥过程中，做好防尘等工作，避免粉尘造成二次污染。

3. 更换装具

（1）装具要求

如果副样原装具情况良好，能够满足长期保管要求的（20年及以上），一般无需更换装具；对于原装具情况无法满足长期入库保管要求的，要统一更换装具。

副样装具的选择，根据副样重量、保管环境要求和保管年限，选择合适的装具，需要密封保管的，可选择聚乙烯瓶、广口玻璃瓶；无须密封保管的，可选择专用的棉质或塑料副样袋（图6.58）。

(a)玻璃瓶　　　　　　　　　　　(b)树脂瓶

图6.58　副样装具示意图

（2）制作副样标识

每一块副样都应编制副样标签。签中除了副样编号、名称等基本信息外，还应包含产生副样的矿区或项目信息（表6.4）。

标签应防水、防潮、防腐蚀，如可以使用专业塑封机对标签进行塑封。

表6.4　副样标签样式

副样标签		
档号		
案卷题名		
序号	副样编号	
副样名称		
采集位置		
采集人	采集日期	
备注		

（3）副样封装

副样和副样标签密封在适合尺寸的装具内。副样密封完成后，按照副样号由小到大的顺序依次摆放在抽屉或副样箱内，避免叠压，标签朝外。

4. 编制副样目录

副样应以"档"或者"项目、矿区"为单位编制副样目录，以便于数据组织管理（表6.5）。

表6.5　副样目录样式

副 样 目 录

档号（或项目编号）：

案卷题名（或项目名称）：

序号	剖面名称	副样编号	副样数量	副样类型	取样位置	采集人	采集日期	备注
		至						
		至						
		至						
		至						
		至						
		至						

5. 质量检查

根据自检、互检、抽检的方式，检查整理步骤和各个环节形成的各类数据。确保数据准确。自检和互检率为100%，抽检率不低于30%（表6.6）。

表6.6　实物整理工作质检记录表样式

副样库位标签

实物整理工作质检记录表

档号		实物类别	
案卷题名			
总数量（米/块/件）		实物完损情况	
标识情况		整理信息情况	
其他情况			

检查记录：

整改记录：

整理人		自检人		检查人	
整理时间	至	自检时间		检查时间	

6. 副样存储入库

分配存储空间，制作副样库位标识。质量检查完成后，对副样占用库位数量及每个库位中的副样数量进行统计。制作副样库位标签，并粘贴在副样库位架便于观察的位置（表6.7）。

表6.7 副样库位标签样式

副样库位标签				
档号		资料类别		副
案卷题名				
总箱数	箱	副样总数		袋
箱号	至	序号		至
库位号		填表人	日期	
条形码区				

登记副样存储位置信息。对于馆藏机构，编制《副样库位信息表》。对于保管单位，编制《副样台账》。

7. 归档整理信息

每档（或每个项目）副样整理完毕后，需填写副样整理小结，记录副样整理过程中遇到的问题和处理方法，整理完成后的副样总数、资料齐全情况、库位使用数量等信息。

将整理过程、结果的记录［如副样目录、副样库位信息表（或台账）、整理小结等］作为相关资料进行归档。实物地质资料保管单位，应安排专人管理副样台账。

第七章　实物地质资料保管

在《实物地质资料馆藏管理技术要求》（DD2010—05）的基础上，针对实物地质资料库房，进一步细化实物地质资料保管的工作流程、方法与规范，指导实物地质资料馆藏机构与保管单位妥善保管实物地质资料，确保实物地质资料安全、稳定、长期的保管，适用于各类岩心、岩屑、标本、光（薄）片、副样、样品等实物的保管。

一、实物地质资料保管的工作原则

1. 安全

保证安全是实物地质资料保管工作的基础。保管过程中，要做好库房设施设备及实物地质资料的安全检查与防护工作，及时排除故障与隐患，保证设施完好，设备运行稳定，实物地质资料不变质、不损毁、不丢失。

2. 稳定

稳定保管是实物地质保管的主要要求。在实物地质资料保管过程中，要维持实物地质资料各项物理、化学性状稳定，尽可能降低性状变化，确保其能够正常的使用。

3. 长期

长期保管是实物地质资料保管的主要目标，在考虑设施设备与保管成本的同时，要采取必要的措施，在确保实物地质资料安全、稳定的前提下，尽可能延长实物地质资料的保管期限。

二、入库实物地质资料的保管方法

（一）岩心的保管

岩心主要为矿产勘查形成的钻孔岩心，其次为地质科学、水文地质、工程地质和环境地质钻孔岩心，区域地质调查和海洋地质也会产生少量钻孔岩心。

1. 岩心的装具要求

1）岩心的装具为岩心箱，应装入性能稳定、抗变形、抗风化、耐腐蚀、耐久性材质的岩心箱中，岩心箱服务期一般要在 20 年以上。

2）建议使用塑料质或其他有利于岩心存放的装具，长期保管一般不建议使用木质岩心箱。塑料质岩心箱应为制模压塑工艺，材料建议为"高密度低压聚乙烯"，可添加增强剂（玻璃纤维、铁丝、抗韧剂、抗氧化剂等）提高其力学强度。使用木质岩心箱的，尽可能使用硬度较大的木料，使用木质岩心箱要做好防虫蛀防霉变等处理，一般在岩心箱中放置防虫药物等。

3）岩心箱的规格遵照《地质勘查钻探岩矿心管理通则》附录 A 中的规定，岩心箱的格槽要适宜摆放岩心，尽可能减少岩心在格槽内的晃动空间，与货架规格匹配，岩心箱的码放要便于人工搬运，适应立体存储的需要。

2. 岩心箱的加工防护措施

1）首先对岩心进行清点、核对，清点核对无误后，对岩心进行必要的清洁，去除外来物质（图 7.1）。

图 7.1　岩心清洁过程

2）易挥发、易潮解、易氧化和易变质的岩心，如盐类矿产、硫铁矿类等必须密封，以防止潮解或氧化变质，可采用石蜡、塑料薄膜、玻璃瓶、树脂瓶等封闭保存，或将岩心装在与岩心规格相匹配的塑料袋中，抽真空密封。

3）油气类油基泥浆取心和密闭取心井的油砂等重要油气显示段，取心后要进行清洁，之后用无色玻璃纸、油纸或者锡铂纸包好，用石蜡密封保存。

4）对于岩屑和十分破碎的岩心，在阴凉处自然晾干后，分段连同岩屑牌或岩心牌装入白色粗棉布袋内，并将布袋装入塑料袋内，做好标记（图 7.2）；也可将岩屑装入玻璃瓶或 PVC 药品级塑料瓶中。

图 7.2　岩屑装袋展示

5）岩心箱在托盘上码放整齐后，在入库位架之前，可采用 U 形卡将相邻两列的岩心箱固定在一起，保证岩心箱在货架上的稳固和上架安全（图 7.3）。

6）岩心加工防护好后，以托盘为单位，放入岩心箱内，码放整齐的岩心箱外需再加盖防尘罩，一般采用耐老化、透明且具有防紫外线功能的塑料罩（图 7.4）。

图 7.3　岩心加固措施　　　　　　　图 7.4　岩心防尘措施

3. 岩心库房的环境要求

以当地的气候条件确定最有利于长期安全保管的环境条件，可参照纸质资料库房环境要求，温湿度要求的范围略微放宽（表 7.1）。

表 7.1　实物库房的温湿度要求

指标	温湿度范围	采暖期	夏季
温度	5～35℃	不小于 5℃	不大于 35℃
湿度	45%～60%	不小于 30%	不大于 80%

（二）标本的保管

标本主要为区域地质调查、固体矿产勘查和地质科学研究等形成的标本。

1. 标本的装具要求

1）标本一般存放入性能稳定、抗变形、抗风化、耐腐蚀、耐久性材质的标本箱中，标本箱服务期限在 20 年以上。

2）标本箱的规格应与货架相匹配，便于人工搬运，适应存储需要。对于一般规格的标本（3 厘米×6 厘米×9 厘米，8 厘米×10 厘米×12 厘米），可装入岩心箱内；无法装入岩心箱内的标本，应定制专门的木质、铁质标本箱，木质标本箱应选择硬度较大的木料，铁质标本箱要做好刷漆等防锈处理。

2. 标本的加工防护措施

1）标本整理完成后，要做防尘处理，清点、清洁后，连同标本签一同装入塑料标本袋内。塑料标本袋的材料和厚度要满足长期保管要求，一般采用防老化、透明、带密封条的塑料袋，塑料袋使用年限在 20 年以上。

2）装入标本袋后，将标本按顺序依次装入标本箱（或岩心箱）内，为便于查找，装箱过程中标签朝上。

3）易风化、易潮解、易氧化和易变质的标本，如盐类、泥页岩类、高岭土、伊利石、蒙脱石矿等标本，应装入双层密封袋密封。

4）固结程度较差的破碎状标本，如薄层页岩，使用纸袋或者布袋包装后，再放入塑料袋中。

5）对于稀土矿、软锰矿等易被污染的标本，应装入玻璃瓶或者树脂瓶内密封保存。

6）标本箱外罩防尘罩。防尘罩要求耐老化、透明且具有防紫外线功能。码放整齐的标本箱需进行加固处理，参照岩心箱的加固处理方式。

3. 标本库房的环境要求

库房环境要求与岩心相同。

（三）光（薄）片的保管

光（薄）片主要为区域地质调查形成的光（薄）片，其次为矿产勘查、地质科学研究等形成的光（薄）片。

1. 光（薄）片的装具要求

光（薄）片一般存放入性能稳定、抗变形、耐腐蚀、耐老化材质的光（薄）片盒中，一般可用木质或者耐老化树脂质的光（薄）片盒，木质的要做好防虫蛀处理。薄片一般采用带卡槽的薄片盒，光片选用有格子分割的光片盒，确保光（薄）片既得到固定，相互之间又留有空间。

2. 光（薄）片的加工防护措施

光（薄）片整理完毕后，放入光（薄）片盒内，严禁相互接触、叠加或者挤压，防止光（薄）片存储过程中破碎或因长期接触而互相粘连。

对于玻璃镜片损坏但仍可以使用的薄片，需在其上包裹纸条来增加薄片长度以便放入薄片盒中。

3. 光（薄）片的保管环境

1）光（薄）片一般在常温下保管，温度变化不可超过 0～35℃，相对湿度控制在 30%～60%。

2）薄片由玻璃和环氧树脂制作，气温高或空气干燥容易造成环氧树脂老化、开裂，因此建议有条件的单位可设置恒温恒湿库房存放重要光（薄）片，库房温度建议在 18～30℃，湿度在 50%～60%。

3）科学钻探中需要进行微生物样研究的岩心和海洋类微生物样品类产生的薄片，一般与其生物母样样品的保管环境要求一致，即一般存放入超低温冰柜中保存，温度在−90～−70℃，每天登记冰柜的温度。配备应急电源，防止冰柜断电。

（四）副样的保管

副样主要为地球化学副样，包括水系沉积物样、岩心粉碎样、土壤样、生态样、矿区样、水样、气体样、物探样及第四纪松散沉积物样等。

1. 副样的装具要求

副样要装入专用副样袋、广口玻璃瓶、树脂瓶或塑料瓶内，按顺序摆放在副样库中。建议采用纯净度达到药品级的 PVC 塑料瓶或广口玻璃瓶保管副样，确保副样保管过程中密封。

2. 副样的保管环境要求

1）副样的保管条件一般为室温，但不应超过 30℃，条件好的单位，可低温保管，使库房温度维持在 4℃以下。水系沉积物样、岩心粉碎样、土壤样和矿区样可在常温下保管。生态样必须低温冷冻保管，温度低于 -20℃。第四系松散沉积物样在 -4℃的低温下保管。水样、气体样和物探副样一般不保管。

2）对于各种矿区岩矿石样，金属含量一般较高，单个副样密封包装，保管在相对独立的区域。

3）对于有放射性的矿区副样，如砂岩铀矿样，为防止放射性物质挥发、聚集，应放置在通风条件良好的库房，可配置专门的测试设备实时监测其放射数值。

（五）海洋样品的保管

海洋样品主要指海洋地质工作中形成的实物地质资料，包括沉积物柱状样、表层沉积物样、生物样、水样、天然气水合物样、海底多金属结核、玄武岩和大气样等。

1. 海洋样品的装具要求

1）以沉积物柱状样形式保存的样品，均采用透明树脂套管包装（图 7.5）。根据柱状样的直径，选择套管的尺寸，一般柱状样管径（外径）应≤90 毫米，特殊情况下，可根据需要采用更大管径，但应≤120 毫米。

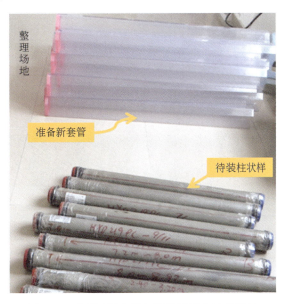

图 7.5　透明树脂套管与待装沉积物柱状样品

2）表层沉积物样品，采用盒盖具备扣锁、密封功能的塑料盒保鲜盒包装保存，大小以能装 2~3 千克沉积物为原则；拖网取样获取的大量岩石、结核、结壳等样品采用硬质塑料箱（带盖）保存，以每箱装 20 ~ 30 千克为原则（图 7.6）。

图 7.6　扣锁式密封包装表层沉积物样品

3）生物样品（如鱼类、贝类和藻类等）采用双层聚乙烯袋包装冷冻保存。

4）水样的物理化学性质特别敏感，变化很快，且变化之后不能再反映真实的环境情况，一般进行现场测试或者原位测试，不带回陆地入库保管。如需保管，应放置在药品级 PVC 或玻璃瓶中密封冷冻保管。

5）天然气水合物样品在液氮罐里超低温冷冻保存。

2. 海洋样品的加工防护措施

保管之前，要对样品进行防尘密封处理：表层沉积物样可装入塑料袋中密封或抽真空塑封，或装入玻璃瓶或树脂瓶中，用混合蜡密封；柱状样使用树脂塑料套管作为衬管，将样品和塑料衬管一起装入塑料袋内进行密封或抽真空塑封；岩石、多金属结核、结壳等做好防尘处理（图 7.7）。

图 7.7　柱状样品的密封处理

3. 海洋样品的保管环境要求

海洋样品的取样成本很高，取样难度较大，原则上均需采用塑料或石蜡密封后，放入冷库进行保管，根据保管年限的长短要求，可以将样品放置于不同温度的样品库中，保管年限要求越长，冷库温度要求越低，如 10℃、4℃、-4℃、-20℃冷库。

生物样需低温冷藏，冷藏温度应在-20℃以下。海洋微生物样品，需进行超低温保存，保存温度应不高于-70℃，建议温度为-90 ~ -70℃。冷库和冷柜等冷藏设备要做好断电保护，防止生物样腐烂变质。

水合物样品，包括天然气水合物和人工合成水合物样品，一般保存在液氮罐中，液氮温度为–198℃，定期补充液氮，保证液氮的充足。液氮罐外部环境温度控制在 0～10℃。

低温样品库房，需特别注意防潮、防水，配备温湿度监测仪、除湿机、抽水泵、密封门等设备。

（六）特殊实物的保管

一些特殊实物地质资料具有特殊的物理、化学性质，具有特殊研究意义、科学价值的实物，需要专门的实物库房及保管设施设备，以维持特殊实物地质资料性状稳定所需要的特定的、严格的保管环境，包括低温、超低温、高压、防辐射等。防止实物地质资料损坏，避免对人身健康和环境造成危害。

1. 极地实物

极地冰心，极地科学研究形成的岩石、矿石标本等，本着尽可能保持野外原始保管状态的原则进行适度的室内整理，整理以补充标识为主。整理完毕后，存放在冰柜或冷库中，保持恒温恒湿，建议温度为–24℃，或根据科学研究需要选择合适的温度。

2. 放射性实物

放射性实物，如岩铀矿样品，应使用防腐蚀器皿储藏，其保管条件应严格按照国家的有关规定执行。放射性实物阈值达不到危害人身健康的，可放入市区内的库房内保管，采用独立的库房保管，保证库房通风条件良好，并配有专门的检测设备实时检测其放射数值。阈值达到危害人身健康的，保管地点须远离人口聚集区（10公里），并建立防辐射库房。

3. 超深科学钻探岩心

超深的科学钻探类岩心成本高昂、数量稀少、研究价值巨大，取样测试后剩余的岩心，本着尽可能保持野外原始保管状态的原则，进行适度的整理后永久性原位保管。

4. 油样

对获取的油样去杂脱水后装入密封玻璃瓶中，置入冰箱保存。冰箱一般采用普通家用冰箱，温度控制在–10～0℃，防止轻质组分挥发逸散。做好油样库房的防火工作，配备必要的消防设施。库房要通风、避光，防止油气挥发导致空气中油气浓度上升带来的安全隐患，定期进行安全检查，及时排除隐患（图7.8）。

图7.8　油样瓶及密封展示图

5. 古生物标本

对于不进行展览展出，存放库房的古生物化石标本，应保持库房内干燥，温度控制在18～30℃范围内，湿度控制在50%～60%。根据古生物标本的大小，选择合适的装具，古生物标本盒内可放置棉花、丝绵等柔软且化学性质稳定的物质，降低古生物标本由于碰撞震动造成的损毁或破坏（图7.9）。每个古生物盒内放置古生物标签，注明其拉丁文名称及采集出处等信息。

图7.9　小化石标本的保存展示

三、实物地质资料埋藏保管工作方法

埋藏保管主要适用于北方、西部干燥、寒冷地区，南方潮湿地区不宜进行埋藏保管。对于一些性状稳定且无法入库保管的岩心和标本，可采取埋藏保管的方式确保实物地质资料在短期内（小于10年）保持性状稳定，且可恢复其原始顺序。

选择地势较高，不易积水的场地作为坑址。可利用工矿废弃地、拟平复的槽、井探工程掩埋，山区可利用山洞或废坑道，黄土高原可挖窑洞，平坦地区可挖浅坑等。

埋藏保管的岩心，参照《地质勘查钻探岩矿心管理通则》中岩心缩减清除的有关规定进行。

完成埋藏工作后，要填写《实物地质资料埋藏登记表》（表7.2），并将其与埋藏坑分布图等材料一同报省级国土资源主管部门进行告知性备案。

辐射强度达到或超过人体健康阈值的放射性实物及其他易产生污染的有毒有害组分含量的各类实物，经过专家评估，并报上级主管单位审核批准后，可选择埋藏保管且必须深埋（或送专门冶炼厂处理），埋藏地点远离人口聚集区10公里以上，地表辐射值不得高于国家规定的健康标准。

表 7.2　实物地质资料埋藏登记表

项目（矿区）名称：　　　　　　　　　　　　　　　　　　　　　　　项目编号：

单位名称：

序号	实物地质资料编号	实物地质资料数量	资料类别	埋藏位置	备注
联系人		联系方式			

汇交人（签章）

年　月　日

注："序号"填写流水号；"实物地质资料编号"，钻孔填写钻孔号，标本、副样、光（薄）片填写野外编号，连续的编号可填写编号范围；"实物地质资料数量"，岩心填写岩心长（米数），标本、副样、光（薄）片填写实际的块数、份数和片数；"资料类别"填写Ⅰ类、Ⅱ类或Ⅲ类；"单位名称"填写负责汇交单位的正式名称；"埋藏位置"填写实物地质资料掩埋的 GPS 坐标

第八章　实物地质资料数字化技术方法

实物地质资料数字化是将地质工作中形成的岩心、标本、光（薄）片等实物，通过仪器扫描、数码照相等方法，转化成计算机可存储处理的文字、图像、三维仿真模型等信息，对信息进行处理，以数据库的形式进行存储，利用输出设备和系统进行信息展示的过程。目前应用成熟的实物地质资料数字化方法的种类很多，大体可分为三类：一是获取实物表面图像信息，如岩心白光扫描、标本高清彩色照相、光（薄）片镜下显微照相等；二是获取实物表面的各类化学参数信息，如岩心高光谱矿物扫描分析、岩心 XRF 元素浓度扫描分析，标本矿物快速鉴定等；三是获取实物内部的物理参数信息，如岩心的 CT 扫描、P 波速度扫描、伽马密度扫描、磁化率扫描、电阻率扫描与标本的三维重建等。但受扫描速度、扫描成本等因素的限制，适合实物地质资料馆藏机构或保管单位开展批量数字化的方法主要是表面图像数字化方法，因此，本书主要介绍岩心白光扫描（简称岩心扫描）、标本高清彩色照相（简称标本照相）和光（薄）片显微照相（简称光（薄）片照相）三个方法的操作流程与技术要点。

一、实物地质资料数字化的原则及要求

实物地质资料数字化工作遵循以下原则。

1. 真实性

保持实物地质资料原有的信息不变，图像尽可能地与实物地质资料的原始面貌一致；岩心图像的长度应与岩心实际长度一致，图像在钻孔柱状图中的位置应与岩心的深度值一致，依据岩心深度值依次拼接图像，不允许图像重叠或移位；标本图像是完整的正片图像，图像端正，定向标本的图像应与其方位一致。

2. 清晰性

在 1∶1 显示状态下，岩心和标本图像的主要矿物、结构、构造等地质特征清晰；在放大一定倍数显示状态下，光（薄）片镜下图像的矿物成分、含量、显微结构构造、次生变化等地质特征清晰。

3. 完整性

确保各图像信息完整，各种图像信息还应配套相关的记录性或说明性材料，记录性材料用于记录图像文件名称及对应的实物名称或编号，说明性材料用于说明扫描或照相的方式、方法、问题及处理方式等信息。

二、岩心扫描技术方法

岩心扫描是指利用岩心扫描设备，获取岩心的表面信息，并对信息进行处理、存储和

管理，建立岩心扫描图像数据库，利用图文管理系统，生成附有岩心图像的钻孔综合柱状图的过程。

岩心扫描主要有白光扫描及荧光扫描两种方式（图8.1）。

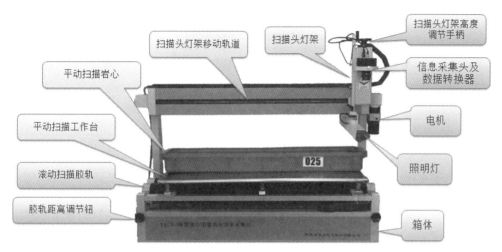

图8.1　YXCJ-Ⅶ型岩心图像高分辨率采集仪（本章内容以此台仪器为例）

（一）白光扫描

1. 岩心扫描工作流程

岩心扫描工作流程图如图8.2所示。

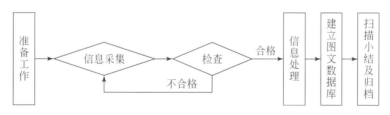

图8.2　岩心扫描工作流程图

2. 岩心扫描技术方法

（1）工作准备

环境及设备：岩心扫描前应仔细检查工作环境，远离火（热）源，仪器避免振动、防湿防潮和避免阳光直射（图8.3）。工作场地应便于岩心的更换，扫描前检查岩心扫描仪、计算机系统等设备保证工作状况正常。

相关资料：根据馆藏岩心的种类、数量等情况合理安排扫描工作计划，一般以钻孔为单位进行扫描，一个钻孔为一个扫描批次。开始岩心扫描前，需要准备的资料有：钻孔地质编录表、钻孔柱状图和《岩心整理登记表》（图8.4）。

钻孔地质编录表作用：准确查找钻孔回次起始深度，在没有钻孔柱状图的情况下可使用钻孔地质编录表的岩性描述。

图 8.3　岩心扫描设备环境要求

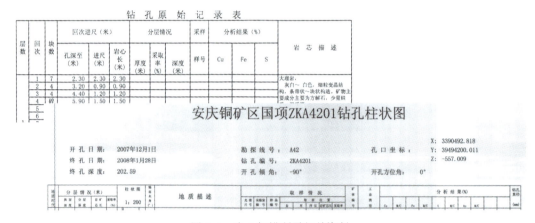

图 8.4　岩心扫描所需相关资料

钻孔柱状图作用：按层录入钻孔岩性描述信息。

岩心整理登记表作用：查看每一回次岩心的实际长度，准确录入实物信息。

实物：只有整理后的岩心达到表面清洁干燥、摆放有序、各回次长度值准确，才能进行扫描。严禁扫描表面有灰尘、污物或混乱的岩心（图 8.5）。

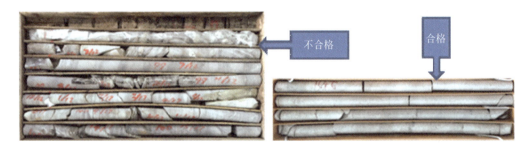

图 8.5　准备扫描的不合格、合格的岩心

（2）岩心扫描及图像处理

白光扫描方式包括白光平动扫描和滚动扫描。白光平动扫描采集岩心上表面信息，完整岩心和破碎的岩心均可进行白光平动扫描；滚动扫描采集圆柱状 360°的外表面信息，要求岩心为完好的圆柱（图 8.6）。

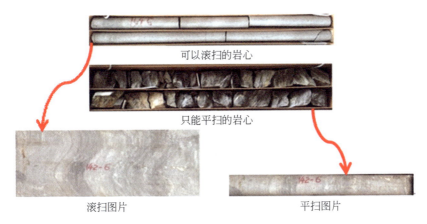

可以滚扫的岩心

只能平扫的岩心

滚扫图片　　　　　　　　　　　　平扫图片

图8.6　适合滚扫、平扫的岩心及扫描图像展示

岩心扫描开展前要选择扫描方式。调试好岩心扫描仪的灯架及扫描头的方向（图8.7）。岩心平扫时的扫描仪灯架与镜头的行进方向（即岩心轴向）垂直。岩心滚扫时扫描仪的灯架与岩心轴向平行，滚扫镜头方向对于平扫时的镜头来说要顺向旋转90°。

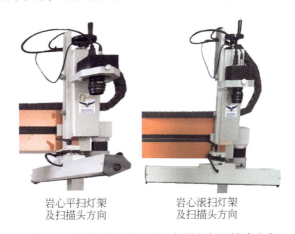

岩心平扫灯架　　　　　　　岩心滚扫灯架
及扫描头方向　　　　　　　及扫描头方向

图8.7　不同扫描方式的岩心扫描灯架及镜头方向

平动扫描及图像处理。启动扫描仪（接通扫描仪电源即可），为保证扫描图片的质量，光源和扫描仪预热要达到最佳工作状态（通常预热10分钟左右），否则可能会影响图像的质量。

将岩心盒放置到扫描平台上，使岩心盒与镜头的行进方向平行（图8.8）。

为便于后期图像处理，扫描前要对岩心进行简单的整理与整饰，使岩心断面对接整齐，整个格内的岩心在一条直线上；同时尽可能使岩心标识较少或是地质特征较明显的一面朝上（图8.9）。岩心牌及隔板等标识要拿出扫描区域。

启动计算机检查仪器是否与计算机连接且能正常工作。启动扫描程序。

设置岩心扫描参数（在扫描界面中进行设置）。参数的设置包括扫描岩心的宽度、对比度、亮度及扫描仪分辨率等。扫描的岩心长度、宽度按实际需求设置，但不能超出扫描

图8.8　岩心盒放置技术要求展示

(a)未经整饰的岩心

(b)整饰后的岩心

图8.9　整饰前后的岩心情况对比

仪参数的最大范围。对比度和亮度建议使用默认值。扫描前对扫描仪进行白平衡测试。调节好镜头的光圈（一般在4～5，根据试采集的图像效果和周围的光线条件来决定（如果得到的图像偏亮，光圈应该向5靠近，反之，光圈应该向4靠近））。焦距（45毫米）镜头托盘下表面与岩心圆周顶面的距离为45毫米，并将灯管调到距离岩心100毫米的高度，以保证岩心要采集的部位处于最亮状态，否则会影响图像的分辨率和质量（图8.10）。

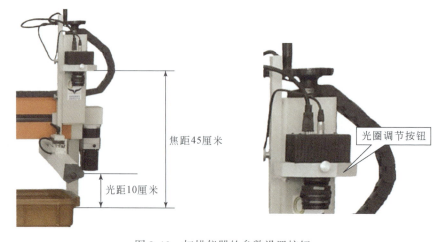

图8.10　扫描仪器的参数设置按钮

分辨率通常使用 200 ~ 400DPI，即可达到基本的使用要求（图 8.11）。

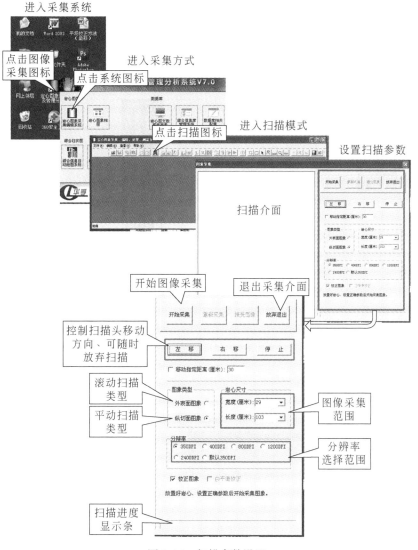

图 8.11 扫描参数设置

岩心扫描时，要通过反复将扫描图像与岩心进行对比来调整光圈大小和灯架高度，使形成的图像尽可能接近岩心的自然形态；尤其在颜色和明暗度上，既不能偏深，也不能偏浅，既不能偏亮，也不能偏暗。

对于颜色较深的岩心，如炭质泥岩、基性或超基性侵入岩等，岩石的反光率低，应适当加大光圈或降低灯架高度，从而适当增加扫描图像的亮度，防止因图像过暗而无法辨识矿物。

对于颜色较浅的岩心，如砂岩、灰岩、高岭土、云母片岩等，岩石的反光率高，应适当减小光圈或提高灯架高度，从而防止图片因曝光失真。

对于由明暗相间的矿物组成的岩心，扫描时以颜色最浅的矿物不发生曝光为准，调整光圈大小和灯架的高度；同时也考虑浅色矿物的含量，如果浅色矿物仅为偶然出现（在岩心中含量小于1%），扫描时可不予考虑。

岩心扫描过程中要随时注意采集图像的质量是否能达到要求。图像是否清晰完整，色度是否正常，不符合要求则要重新设置参数或重新采集图像，符合要求的图像操作接收图像（图8.12）。

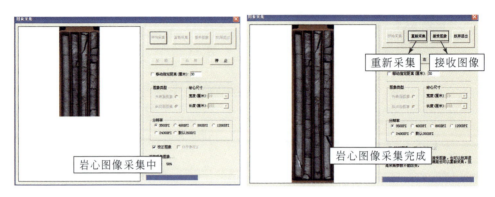

图8.12　岩心扫描图像采集

扫描完成接收后的图像，按照自定义的路径，将原始图像存入相对应的文件夹里，文件夹命名为"档号+矿区名称+钻孔编号"，如"000231 甘肃大桥金矿 ZK7101"。原始图像以 JPG 格式存储，原始图像的命名与岩心箱号相同，如"005"，形成扫描原始图像（图8.13）。

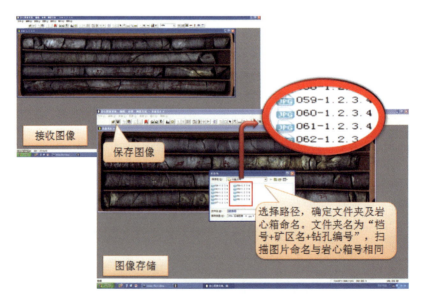

图8.13　原始扫描图像命名及存储

完成一个钻孔的岩心原始图像采集后，将单箱的岩心扫描图像（即原始图像）按回次进行裁剪，并以回次号进行命名录入存储。

图片文件命名规则：由"回次"汉语拼音首写大写字母"HC＋回次号"组成，如"HC1、HC2"等。当一个回次的岩心占用两个及两个以上岩心箱格子时，裁剪后一个回次的岩心图片由多张组成，利用加后缀名的方法加以区分，如"HC5–1"代表第 5 回次的第 1 张岩心图像，"HC5–2"代表第 5 回次的第 2 张岩心图像（图 8.14）。

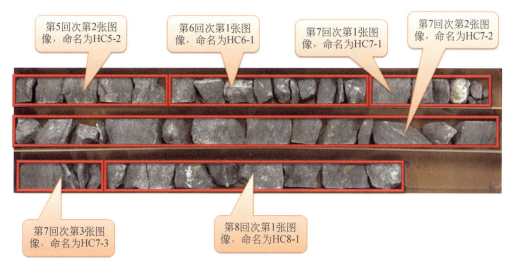

图 8.14　扫描图片命名规则

图片裁剪方法：

打开批量裁剪功能软件，在目录名栏目中浏览要进行批量裁剪的钻孔，选择要进行裁剪的扫描图片，在批量裁剪界面中进行参数设置，一般使用默认参数即可。再设置裁剪长度，宽度设置为自定义，最后调整好要裁剪的位置进行裁剪。在同时出现的参数录入对话框中录入此图片的各种参数进行保存（图 8.15）。

录入裁剪图片的参数

以回次命名的图片名 ————→ 文件名 HC354-4   删除

档号+矿区名称+钻孔号 ————→ 答卷题名 000392贵州白岩背斜磷矿

与题名中钻孔编号相同 ————→ 钻孔编号 ZK032   回次号与文件名相同

回次 354   清空回次

本回次的起点深度 ————→ 起始井段 1025.48

本回次的终点深度 ————→ 终止井段 1028.5

起始位置 1027.92 ←———— 上一幅图的终点

这张图片的起止深度 ————→ 终止位置 1027.92+0.54 ←———— 这幅图的裁剪长度

本回次共有图片数 ————→ 幅数 4

裁剪岩心所在盒号及格号 { 盒号 272   格号 4

确认后本图片参数录入服务器 ————→ 确认   取消

图 8.15　扫描图片裁剪及参数录入

格号：图片岩心所在岩心盒中的格序号

确认：录入图片参数后确认，信息存储入服务器

录入裁剪图片的参数后，点击确认，图片信息即被存入服务器，同时图片及此图的压缩图片自动存入服务器图片库中（图 8.16）。

图 8.16　岩心裁剪图片回次

服务器图片库（图 8.17）：

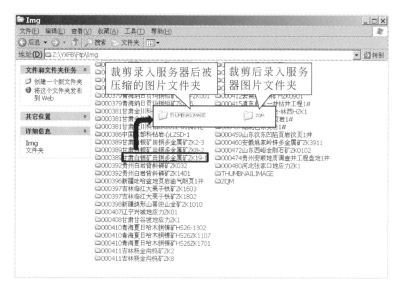

图 8.17 服务器上裁剪图片文件夹

裁剪录入服务器后被压缩的图片被用于生成柱状图。裁剪后录入服务器图片的未被压缩的图片被存储。

滚动扫描及图像处理。调整灯光及镜头方向为滚扫位置（图 8.18）。

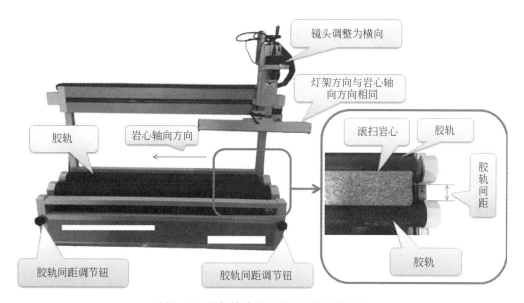

图 8.18 滚扫模式下的岩心扫描设备设置

开启宏观岩心图像采集仪，检查仪器是否与计算机连接且能正常工作。光源和采集仪预热达到最佳工作状态。

将岩心平放在扫描仪的两个胶轨上，调整胶轨的宽度以适合岩心的滚动，或宽或窄都会有滑动现象而影响岩心的匀速转动。调整好焦距及光源高度，焦距与光源高度和平动扫描参数相同（图8.19）。

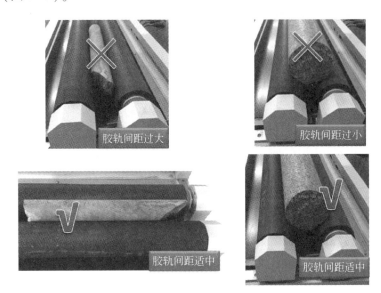

图 8.19　岩心轨道间距摆放技术要求

图像的采集（图8.20）：

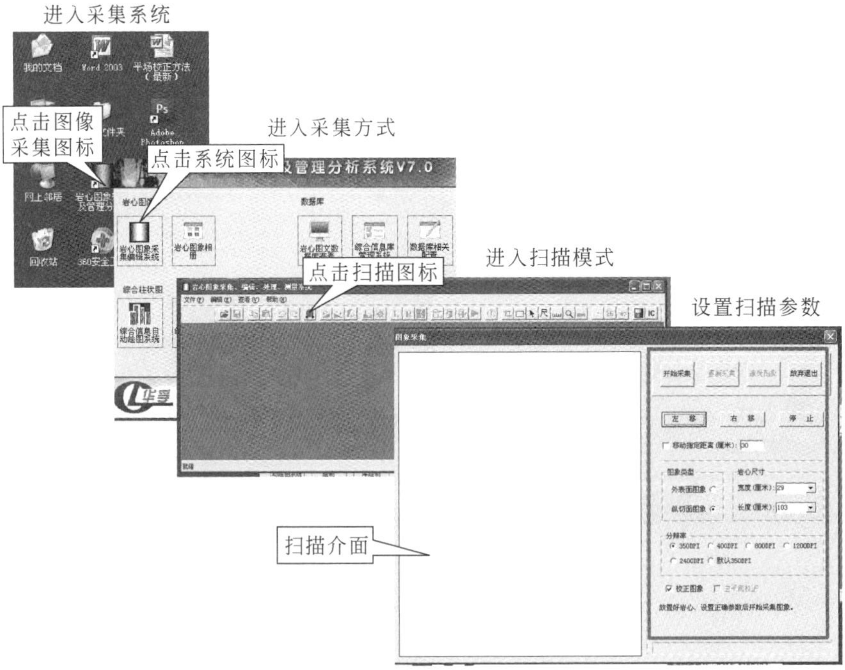

图 8.20　图像采集方式及数据录入

设置扫描参数：扫描类型选择为外表面图像，岩心尺寸宽度为岩心的直径，长度为镜头采集的范围（图8.21）。

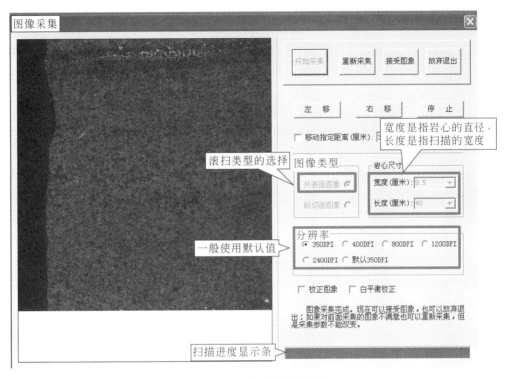

图 8.21　滚动扫描参数设置

接收图像：当完成一次采集操作后预览到图像的质量，选择对话框中的"接受图像"按钮接受图像数据，并可进行下一步的图像裁剪操作（图 8.22）。

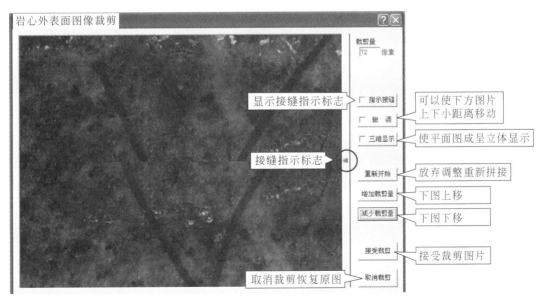

图 8.22　滚动扫描图像处理

柱状图像拼接：外表面图像裁剪。

如果采集的是岩心外表面图像，还必须经过图像裁剪这一步，"岩心外表面图像裁剪"对话框是自动弹出的，在这个对话框中岩心图像通常以三维岩心形式显示，用户可以清楚地看到由两个红色三角形指示的接缝，如果裁剪量适中，您看到的将是完整的"岩心"，然后需要的只是点击"接受裁剪"按钮。

在这个对话框中，裁剪量可以手工快速输入，也可以用鼠标点击"增加裁剪量"和"减少裁剪量"按钮来逐步改变，左边的图像将直观地显示出相应的裁剪效果。如果选中"微调"，则每按一下"增加裁剪量"或"减少裁剪量"按钮，裁剪量将增加或减少一个像素，否则增加或减少10个像素。如果点击"重新开始"按钮，裁剪量将恢复为0。一旦用户点击"接受裁剪"按钮，此次设定的裁剪量将被系统记录下来，当下次出现裁剪对话框时会自动使用这个裁剪量，由于一批岩心的直径是一致的，所需要的裁剪量也非常相近，如果在采集第一幅岩心外表面图像时裁剪精确，以后只需稍加微调就可以了。

如果岩心较长，一次的扫描长度不能完成全部的信息采集工作，则需要移动一个扫描长度进行第二次扫描，以此类推。

完成几次扫描后，需将几张图片进行拼接，合成一根完整的岩心外表面图像（图8.23）。

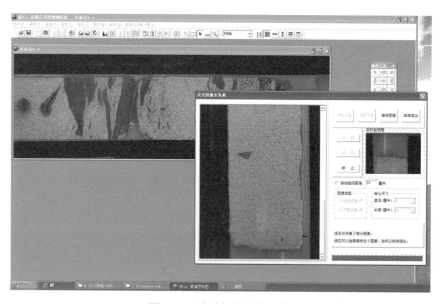

图8.23　滚动扫描采集图像

第二次采集状态：

接收图像（图8.24）：

图像的拼接（图8.25）：

1）点击选点图标。

2）在第二张图上选一个特点比较明显的点后，再点击。

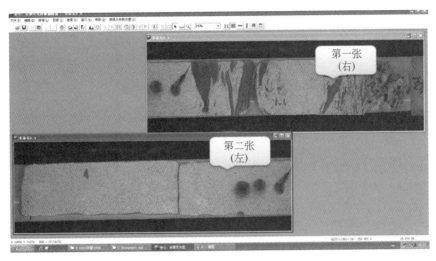

图 8.24 滚动扫描图像接收

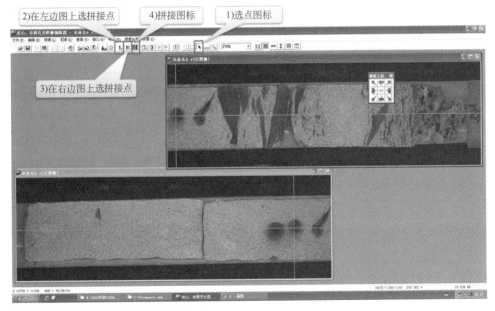

图 8.25 图像拼接操作

3）在第一张图上找出与第二张图是相同的点，再点击 **R**。

4）点击拼接按钮 **R**。

若选点不够准确，可重复上面的步骤重新选点。选点时可将图像放大，使所选的点更准确，拼接图像更完美。

此为完成两张图像的拼接。若需完成 3 张图像的拼接，则重复以上步骤即可。

完成拼接，点击接受（图 8.26）。

每根岩心的图片按照岩心深度录入数据库提供使用。

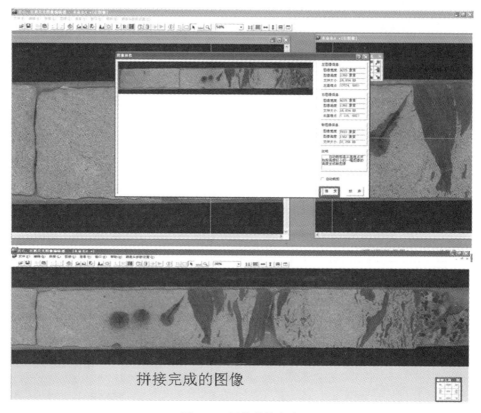

拼接完成的图像

图 8.26　图像拼接完成

（3）岩心扫描记录表的填写

在岩心裁剪过程中，每一张图片的录入信息要进行记录，即要填写岩心扫描记录表（图 8.27 和图 8.28）。内容包括：箱号、图像文件（格号）、入库图像文件名、回次、起始深度（米）、实际长度（米）、备注。

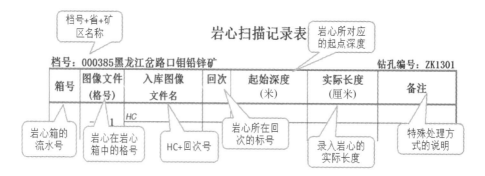

图 8.27　扫描记录要点说明

岩心扫描记录表

档号：000385黑龙江岔路口钼铅锌矿   钻孔编号：ZKHD1706

箱号	图像文件 （格号）	入库图像 文件名	回次	起始深度 （米）	实际长度 （厘米）	备 注
041	-- 1	HC63 — 2		135.18	91	
	-- 2	HC63 — 3		136.13	50	
		HC64 — 1	64	137.00	45	
	-- 3	HC64 — 2		137.44	88	
	-- 1	HC64 — 3		138.32	93	

图 8.28 扫描记录表填写范例

（4）岩心相关资料录入

以钻孔柱状图或钻孔原始（地质）编录表为标准，按照钻孔编号、起始深度、终止深度、岩性、岩心描述几个内容将钻孔资料录入 Excel 表格中（图 8.29）。

钻孔编号	起始深度	终止深度	岩性	岩心描述
000190山东金翅岭金矿17ZK2	67.43	70.44	闪长岩	浅灰白色，中粒花岗结构，块状构造。主要矿物成分：由斜长石、钾长石、石英、角闪石等组成。局部伟晶岩化，夹老地层残留体（斜长角闪岩），裂隙较发育，与岩心轴夹角为20°和40°两组，被碳酸盐充填。21~22回次，相当孔深55.20~58.37米。少量长石已蚀变，石英呈蛔虫状，暗色矿物已褪色和消失（达绢英岩化花岗闪长岩），见少量黄铁矿、方铅矿，呈星点状分布，裂隙与岩心轴夹角30°
000190山东金翅岭金矿17ZK2	70.44	71.24	闪长岩	浅灰白色，中粒花岗结构，块状构造。主要矿物成分：由斜长石、钾长石、石英、角闪石等组成。局部伟晶岩化，夹老地层残留体（斜长角闪岩），裂隙较发育，与岩心轴夹角为20°和40°两组，被碳酸盐充填。21~22回次，相当孔深55.20~58.37米。少量长石已蚀变，石英呈蛔虫状，暗色矿物已褪色和消失（达绢英岩化花岗闪长岩），见少量黄铁矿、方铅矿，呈星点状分布，裂隙与岩心轴夹角30°
000190山东金翅岭金矿17ZK2	71.24	73.45	闪长岩	浅灰白色，碎裂结构，块状构造。主要矿物成分：由斜长石、钾长石、石英、角闪石、绢云母、黄铁矿、方铅矿等组成。岩石破碎蚀变不强，局部蚀变以硅化为主，发育石英脉，宽1~3毫米，矿化较强。黄铁矿、方铅矿主要呈细脉状和不规则团块状分布，脉状黄铁矿与岩心轴夹角30°，与上层为渐变关系。27、28、29、33回次，相当孔深分别为：71.24~72.85米、73.55~74.05米、78.87~79.47米、89.00~90.72米，矿化较强，石英脉比较发育，黄铁矿、方铅矿呈细脉状和不规则团块状沿石英脉分布较强。36~37回次，相当孔深99.47~101.57米为老地层残留体（斜长角闪岩），长英质脉较发育
000190山东金翅岭金矿17ZK2	73.45	76.46	闪长岩	浅灰白色，碎裂结构，块状构造。主要矿物成分：由斜长石、钾长石、石英、角闪石、绢云母、黄铁矿、方铅矿等组成。岩石破碎蚀变不强，局部蚀变以硅化为主，发育石英脉，宽1~3毫米，最宽7厘米，矿化较强。黄铁矿、方铅矿主要呈细脉状和不规则团块状黄铁矿与岩心轴夹角30°，与上层为渐变关系。27、28、29、33回次，相当孔深分别为：71.24~72.85米、73.55~74.05米、78.87~79.47米、89.00~90.72米，矿化较强，石英脉比较发育，黄铁矿、方铅矿呈细脉状和不规则团块状沿石英脉分布较强。36~37回次，相当孔深99.47~101.57米为老地层残留体（斜长角闪岩），长英质脉较发育
000190山东金翅岭金矿17ZK2	76.46	79.47	闪长岩	浅灰白色，碎裂结构，块状构造。主要矿物成分：斜长石、钾长石、石英、角闪石、绢云母、黄铁矿、方铅矿等组成。岩石破碎蚀变不强，局部蚀变以硅化为主，发育石英脉，宽1~3毫米，最宽7厘米，矿化较强。黄铁矿、方铅矿主要呈细脉状和不规则团块状分布，脉状黄铁矿与岩心轴夹角30°，与上层为渐变关系。27、28、29、33回次，相当孔深分别为：71.24~

图 8.29 岩心相关资料录入填写范例

将录入完成的岩性描述表格信息导入服务器数据管理器中（图 8.30）。

所选择钻孔的信息由四部分内容组成，点击岩性描述信息（图 8.31）。

将录入的岩性描述内容导入至文件夹，再点击保存，保存成功后返回即可（图 8.32）。

导入岩性描述的综合钻孔柱状图（图 8.33）：

图 8.30　扫描信息导入岩心数字化网络平台

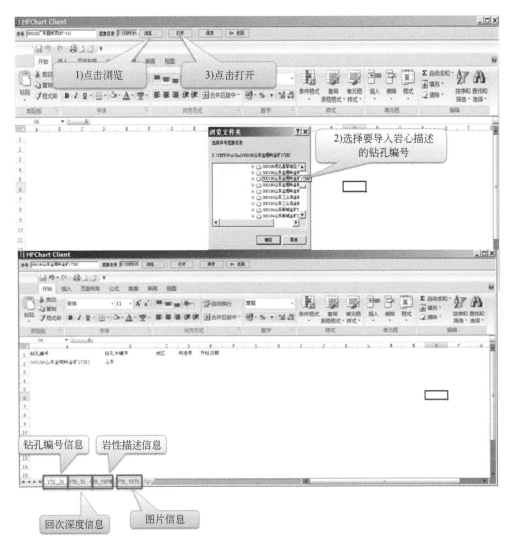

图 8.31　数据管理系统界面

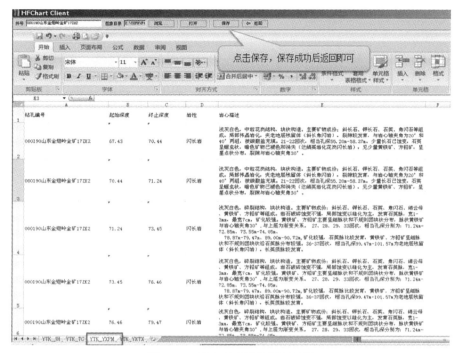

图 8.32　录入完成后的界面显示

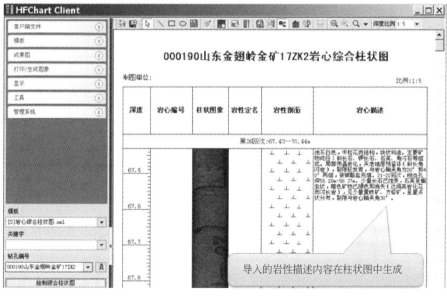

图 8.33　导入柱状图后生成的界面显示

补充岩性花纹：系统中自带的岩性花纹库不能满足需求时，需要利用系统中自带的岩性花纹编辑软件，按照《区域地质图图例》（GB958—99）的岩性基本花纹绘制所需要的岩性花纹，补充到岩性花纹库中。

（5）数据库数据质量检查及数据备份

当完成了一个钻孔的岩心图像采集、裁剪、入库、录入岩性描述后，按照自检

（100%）、互检（100%）、抽检（30%）的三级检查方式进行检查，并填写《钻孔岩心扫描工作质检记录》。

录入图片的检查：将录入的图片与扫描原图进行对比，若有遗漏未录入的就进行补录，深度、位置、裁剪长度等有录入错误的地方应及时更正（图8.34）。图片录入错误率应小于0.3%，否则退回进行重新录入及自检。

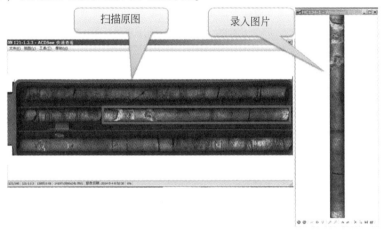

图8.34　扫描原图与录入图片的检查对比

相关录入资料的检查：将录入的资料与原参考资料逐字进行对照检查，不能有别字错字，符号应完全与原资料一致，若原资料有明显错误，要征求负责人的意见方可改正。

每个钻孔在经过自检、互检、复检的检查后，要填写质量检查记录表。

其中，档号、钻孔编号、案卷题名、起始孔深、终止孔深的内容与岩心扫描记录的内容相同。检查记录填写在检查过程中出现的问题及处理结果。扫描人、互检人、复查人各不相同，各项时间以每一项工作完成时的时间为准（图8.35）。

图8.35　岩心扫描工作质检记录表格内容要求

（6）建立图文数据库并编写钻孔扫描小结

各种信息录入完成后，系统可自动生成岩心图像、岩性花纹、岩石名称和岩性描述——对应的效果图，即岩心综合柱状图（图8.36）。必要时可人工设置基本绘图参数使柱状图显示效果更美观。

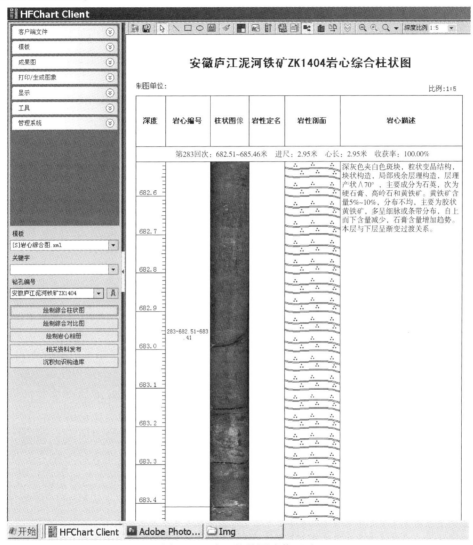

图8.36　岩心柱状图成像显示

一档岩心扫描工作全部结束后，需编写钻孔岩心扫描工作小结。编写的主要内容包括：档号、钻孔编号、案卷题名、起始孔深、终止孔深、扫描类型、分辨率、总回次数、扫描原图数量、裁剪图片数量、裁剪图片占用空间及扫描说明。扫描说明主要是对钻孔岩心在扫描过程中做过一些特殊处理或与实际岩心有不符的情况的说明。例如：

1）本钻孔××回次至××回次岩心较混乱，无法分辨。

2）××回次岩心长于本回次采取岩心××米。

3）××回次的图片上有作为标识的标签或胶带等异物等。

扫描完成后需要进行数据备份，数据包括扫描所形成的原始图像数据（包括扫描的图像、岩心扫描记录表、钻孔岩心扫描工作小结）和岩心图像数据库的数据，备份的方式主要为硬盘备份和光盘刻录两种，一般情况下将同一钻孔的所有数据硬盘备份1份，光盘刻录1份，并在光盘盒上贴标签，注明文件目录。

每完成一档岩心的扫描工作及质量验收后，应及时将扫描图像信息及产生的相关资料进行归档。备份资料包括：《岩心扫描记录表》、《钻孔岩心扫描工作小结》（图8.37）、岩心扫描获取的原始JPG图像、裁剪后的JPG图像和压缩后存储进岩心扫描图像浏览系统的JPG图像等。

档号	000362	钻孔编号	ZK1906
案卷题名			
起始孔深	34.71米	终止孔深	654.46米
扫描类型	白光平扫	分辨率	350DPI
文字资料来源	电子识别	总回次数	234
扫描原图数量	163	原图占用空间	1430MB
裁剪图片数量	660	裁剪图片占用空间	2120MB
扫描说明：45回次岩心长8厘米，176回次岩心长16厘米，230回次岩心长7厘米，232回次比原始岩心短110厘米。			
扫描人		扫描时间	

注：每一个钻孔填写一份扫描工作小结

图8.37　岩心扫描工作小结填写范例

（二）荧光扫描

荧光扫描技术主要应用于石油系统，由于岩心中的原油和沥青及某些矿物，在紫外线照射下有着不同的产生荧光的能力，可根据其产生的荧光的强弱和不同颜色来确定物质的含量和性质。

荧光扫描方式有两种：平动扫描及滚动扫描。

荧光平动扫描方式：为面扫描存储，即扫描图像是由若干个扫描面组成。在扫描过程中扫描镜头固定不动，每扫描一个岩心面后，岩心自动向右移动一个面的距离，再扫描下一个面的岩心，以此类推，至扫描完成所有岩心。若一次不能完成整根岩心的扫描，需进行两次扫描，再将两次扫描的岩心图像进行拼接。

荧光滚动扫描与白光滚动扫描相同。

1. 荧光扫描工作流程

荧光扫描工作流程图如图8.38所示。

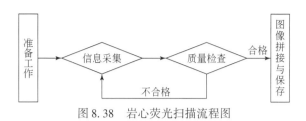

图 8.38　岩心荧光扫描流程图

2. 荧光扫描工作方法

（1）准备工作

工作环境：荧光扫描主要是针对油气含量的评估测算，油气易挥发，为保证在油气未挥发前就进行扫描，荧光扫描工作通常是在钻探现场进行，因此荧光扫描对于环境及场地要求并不严格。但在扫描过程中需要保持暗室环境才能扫描。

设备准备：创建暗室环境（图 8.39），在扫描过程中，放下遮光罩，保证扫描过程中没有光线干扰。

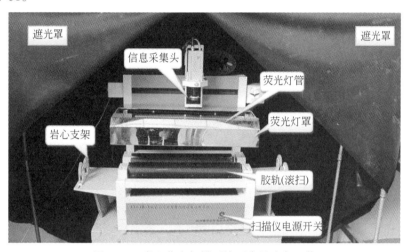

图 8.39　岩心荧光扫描环境要求及准备工作

扫描前开机预热要充分，保证扫描光线的均匀稳定。扫描参数在电脑扫描界面中进行设置，并选择扫描方式。

岩心准备：现场提取的岩心，直接进行荧光扫描，然后蜡封存储岩心。

钻探现场不具备扫描环境时，需将岩心用锡铂纸包裹装入塑料套管中蜡封放入冷柜进行保存，再将冷柜运回基地进行扫描。

一般情况下，运回基地的岩心要连同套管沿直径的 1/3 处进行切割，其中 1/3 的岩心进行荧光扫描，并留做观察使用。其余 2/3 的岩心用锡铂纸进行包装并蜡封进行保存，以供日后的取样研究（图 8.40）。

资料准备：主要准备钻孔回次深度对照表。

（2）荧光扫描过程

荧光平动扫描与白光平动扫描操作方法基本相同。荧光滚动扫描的技术方法与白光扫描方法完全相同，在此不重复介绍（图 8.41）。

151

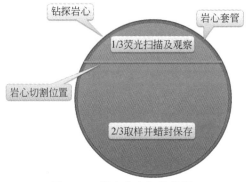

图 8.40　岩心荧光扫描范围

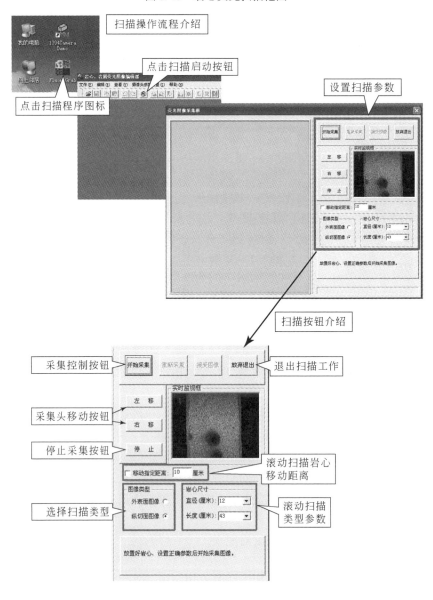

图 8.41　荧光扫描参数设置界面

　　设置好扫描参数后，摆放岩心（图8.42）。由于荧光扫描大部分是在钻井现场进行扫描，为了便于携带，荧光扫描仪的外形尺寸都较小，多数岩心会长于扫描范围。因此每根岩心都要进行几次扫描，然后再将几次扫描的图像进行拼接，每根岩心为一个存储单元。拼接方法与白光扫描图像的拼接方法完全相同。

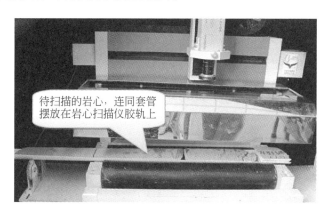

图8.42　岩心摆放技术要点

做好准备工作后，进行荧光扫描并保存图像，图像格式均为JPG（图8.43）。

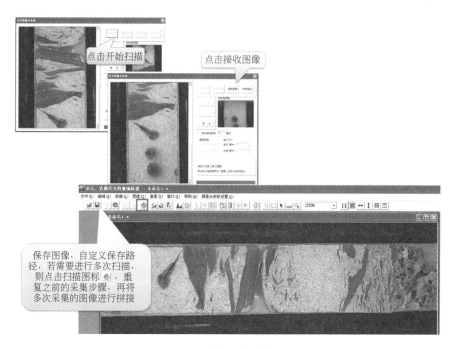

图8.43　荧光图像存储界面

3. 荧光扫描图像处理

荧光扫描的图像要进行纠斜并裁剪掉图像边缘多余的部分进行保存。之后按照图像对应的深度录入数据库，并同时共享其他数据库资料，如钻井曲线、滚扫图片、样品分析结果等，可制作成综合钻孔柱状图。荧光扫描图像在石油系统应用比较广泛。运用图像处理技术、计算机技术和数学地质方法，对岩心（宏观、显微）荧光图像进行含油性分析，自动测量含油面积，帮助用户确定含油性质、含油级别、含油饱满程度、沥青含量及岩石定名等，为科研和生产提供岩心含油性的定性、定量地质参数（图 8.44 和图 8.45）。

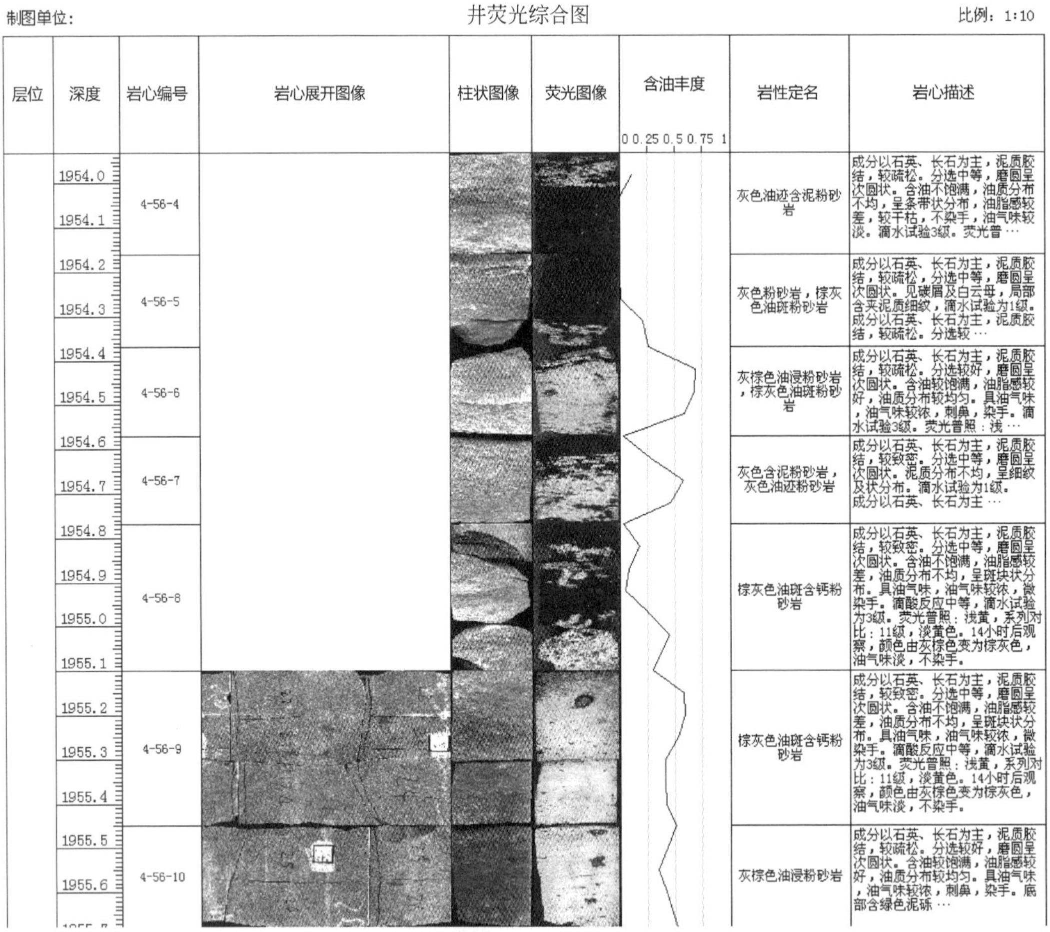

图 8.44　荧光综合柱状图成像范例展示

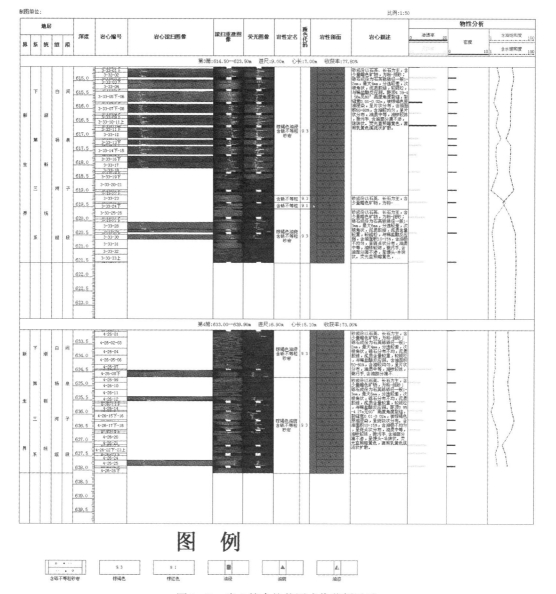

图 8.45　岩心综合柱状图成像范例展示

三、标本照相技术方法

（一）工作流程

标本照相的工作流程是：工作准备→信息采集→图像处理→质量检查→编写工作小结及图像备份（图 8.46）。

图 8.46　标本照相工作流程图

(二) 工作方法

1. 工作准备

(1) 资料的准备

根据馆藏标本的种类、数量等情况合理安排照相工作计划，一般以档为单位进行照相，一档为一个照相批次。开始标本照相前，将照相过程中需要的材料（标本目录表、比例尺、背景材料）准备齐全；对照标本目录表，了解标本所在矿区地质特征，以便对标本统筹规划，在工作中有针对性地进行信息采集工作。

比例尺选择：比例尺选取以 mm 为最小测量单位的黑白相间或彩色比例尺为宜，误差率不能超过百分之一，其刻度边缘清晰可辨（图 8.47）。

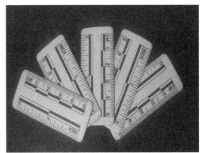

图 8.47　比例尺示意图

背景材料的选择：背景材料主要有布质、纸质等（图 8.48），一般选用专业背景布，如拍摄小面积标本（晶体标本、微体古生物化石标本）需微距拍摄时建议使用纸质（背景纸或米格纸），背景纸吸光效果最佳；如果使用背景布微距拍摄则会显示出布的纹理，使拍摄效果不细腻。颜色一般以中性色调为宜，基本上是黑、白、灰三种色调。在标本拍摄时建议采用灰色背景，拍摄不同色泽的岩石标本。

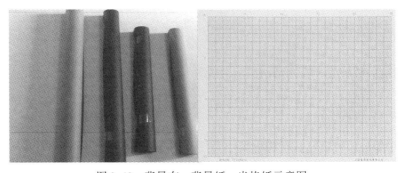

图 8.48　背景布、背景纸、米格纸示意图

只有整理完成后，达到表面清洁、干燥的标本才能进行照相工作（图8.49）。

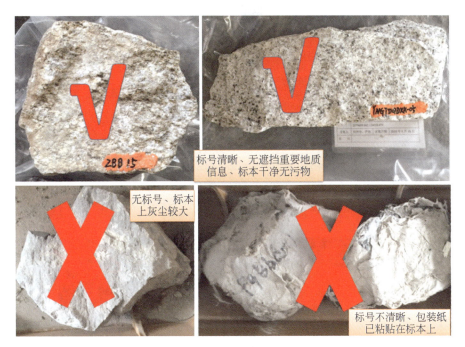

图 8.49　达到照相要求和未达到照相要求的标本示意图

（2）工作环境及设备状况检查

标本照相前应仔细检查标本照相室工作环境，保证室内干净、设备摆放到位、标本载物台清洁、背景材料无杂物。检查相机、镜头、三脚架、无线触发器、闪光灯等设备，保证各摄像设备工作状况良好。做好设备检查记录，保证安全。

（3）标本、设备及光源放置要求

标本摆放。将清洁整理后的标本稳定地放置于标本载物台上，在适当位置（标本左下角或右下角）放置比例尺，放置比例尺尽可能不遮挡重要地质信息（图8.50）。

设备调节。固定数码照相机，使照相机高度略高于标本载物台。调节三脚架和相机，保证二者处于水平状态。打开相机，调节数码照相机与标本载物台之间的距离，通过镜头、脚架的综合调整，直到在相机取景器中清晰地看到标本为止。

光源配置。将两盏附加柔光箱的闪光灯摆放在照相机左右两侧斜45°面向标本的位置，柔光箱应高于拍摄的标本，避免主光源正面照射标本（图8.51）。

闪光灯应根据标本颜色、尺寸等实际情况适当调整，包括远近距离、摆放位置等，使标本反射光线均匀、柔和。注意快门与闪光同步数值准确，一般相机的同步值是1/60秒、1/125秒。

按照标本明暗度、表面凹凸程度适当调节光线，颜色均一的标本，通过闪光灯适当补光，使图像真实清晰即可；明暗反差大的标本，应以柔光和折射光为主，并适当调节相机参数（光圈、快门、白平衡等），提升拍摄效果（图8.52）。

图 8.50　标本及比例尺摆放示意图

图 8.51　闪光灯、相机与标本的位置

闪光灯适当补光

以柔光、折射光为主，适当调节相机参数

图 8.52　颜色均一标本及明暗反差大标本照片示意图

对于透明体和半透明的标本，一般从照相机侧面 30°~60°投射光源或从标本背后投射光源，背景光适当调暗，使标本晶莹剔透、轮廓分明，线条清晰可见（图 8.53）。

图 8.53　透明、半透明标本照片对比

对于反光体和半反光体标本，在不影响最佳拍摄角度的前提下转动标本，要避免被标本反射的耀斑干扰视线，以符合摄影构图要求（图 8.54）。

光圈、快门设置举例。

图 8.54　反光体、半反光体标本照片对比

图 8.55 中黄铜矿、黄铁矿或铅锌矿等含有金属矿物成分的标本，其围岩和金属矿物的反光率反差较大，光圈的设置不宜太大，建议设置为 4 或 4.5；快门速度也不宜过长，一般选择为 1/125 秒，以保证金属矿物不会过度曝光而失去其本身的颜色。含有反光率较大物质的标本，在拍摄时也要进行光圈及快门速度的调整，以保证标本在拍摄过程中不会过度曝光。

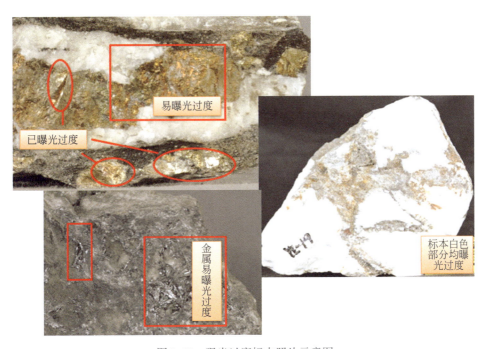

图 8.55　曝光过度标本照片示意图

2. 信息采集

（1）相机参数设置

镜头选择。根据所拍摄标本的大小和所需记录影像的情况（如细节特写、微距拍摄等）选择合适的镜头。标本拍摄的镜头一般选择 35～100 毫米的焦距比较合适，可以选择的镜头除了变焦镜头外，定焦常用的焦距有 35 毫米、50 毫米、60 毫米和 105 毫米微距

等。如果是胶片（APS）相机，在焦距上乘以 1.5 倍，就是它实际得到的焦距。体积较小的标本，可选择 105 毫米微距进行拍摄。

图像品质。图像品质设定为 JPEG 格式；选择合适的图像尺寸，保证分辨率不低于 800DPI；对焦点设置一般选择为中央对焦，根据标本的情况调节感光度、白平衡，一般尽可能确保光线充足的情况下使用最低 ISO 感光度值进行拍摄，以减少图片的颗粒感，使成像细腻。

曝光补偿。选择适当的曝光模式。曝光模式通常分为：快门优先、光圈优先、手动曝光等。照片的好坏与曝光量有关，曝光量则与通光时间（快门速度决定）、通光面积（光圈大小决定）有关。快门优先多用于拍摄运动的物体，不适合用于标本照相中。手动曝光模式是指每次拍摄时都需手动完成光圈和快门速度的调节，这样的好处是可制造出不同的图片效果。虽然这样自主性很高，但使用起来很不方便，影响工作效率。通常情况下标本照相采用光圈优先的曝光模式，既可保证照片的质量也可提高工作效率。

光线偏暗时，可调节照相环境的光线或闪光灯的高度来补充光线，以增加照片的亮度。拍摄标本时不建议使用自动曝光补偿，以免照片过度曝光，失去本身的色彩，丢失重要的地质信息。

在标本的拍摄中，通常以标本的面积作为正或负曝光补偿的判断依据。在拍摄大面积暗色标本时，相机会自动补充曝光强度，引起过度曝光，使拍摄的深色标本偏灰偏白，有可能损失重要的地质信息，这时需要用手动曝光补偿功能向负数补偿，还原深色标本原本的颜色和亮度。在拍摄大面积浅色时，相机会自动降低曝光度，因此需要向正数补偿以还原浅色标本原本的颜色和亮度。

（2）中心对焦

将标本放置于载物台上，通过取景器构图并将中央对焦点对准标本的中心，半按下快门释放按钮以实现对焦。调整构图，尽可能使标本在图像中所占比例为 70%～80%（图 8.56）。

图 8.56　构图比例示意图

（3）拍摄

开启防抖功能，使用快门线或开启延时开门功能，避免因相机振动造成影像模糊。调整构图后完全按下快门释放按钮，完成拍摄。

根据标本的大小、类型、特征等合理地拍摄照片，一般一块标本拍摄 2～3 张，特殊标本也可拍摄 4～6 张。

首先拍摄有标本编号一面的全景照片一张。第二张选择标本新鲜面、地质特征（结构、构造、矿化、蚀变等）明显的一面进行全景拍摄，如岩浆岩侧重拍摄标本的结晶结构、似斑状、斑状结构，流纹、带状或杏仁状构造等；沉积岩侧重拍摄沉积层理，选择与层理垂直的断面拍摄；变质岩要凸显变质信息，选择变质矿物、变质结构构造发育的一面拍摄（图8.57）。

图8.57　标本拍摄示意图

最后可根据标本类型选择矿化程度好或典型的矿物、结构构造，或者个别晶形好的矿物（放射状、针状、柱状等）进行特写（微距）拍摄。也可以拍摄钨矿、锆石、金刚石等矿物在紫光灯下的特写照片（图8.58）。

（4）查看照片

按下播放按钮查看标本的放大图像，观察图像是否清晰且符合要求，不清晰的要重新拍摄。

3. 图像处理

1）标本拍摄完成后，将照相机中的照片导出到计算机上。

2）数据采用二级文件组织，一级文件夹以"档号+案卷题名"命名，二级文件夹以

"标本编号"命名，标本照片存储在二级文件夹中（图8.59）。

图8.58 放射状、针状、柱状矿物及白钨矿在紫光灯下拍摄

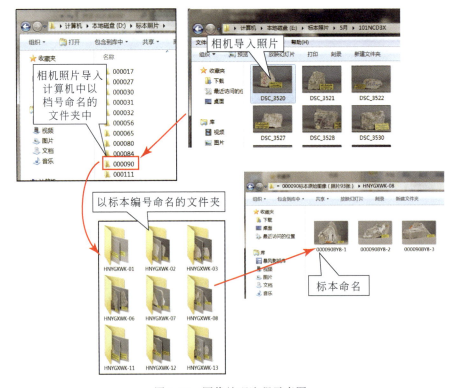

图8.59 图像处理流程示意图

3）照片存储为JPG格式。每张照片需要进行重命名，命名方式为"标本档号+BY（代表标本影像中"标""影"汉语拼音首写大写字母）+标本序号–顺序号"。例如，

"000290BY3-2"代表档号为000290，序号为3的标本的第2张图像（图8.60）。

图8.60　标本重命名原则示意图

4. 质量检查

每完成一档标本照相后，按照自检（100%）、互检（100%）、抽检（30%）的三级检查方式进行检查；并填写《数字化工作质检记录》（表8.1）。检查内容主要包括：标本图像张数与记录是否一致；标本图像是否与标本一一对应；每张图片的清晰度是否符合要求；图片命名是否正确等。

表8.1　数字化工作质检记录表样式

数字化工作质检记录					
档号			钻孔（钻井）名称		
案卷题名					
数字化类型			数字化方式		
起始孔深			终止孔深		
数量（块、件）			所占内存		
检查记录：					
整改记录：					
扫描人		自检人		检查人	
扫描时间		自检时间		检查时间	

填表说明：

1. 一个钻孔（钻井）、一档标本或一档光（薄）片填写一份质检记录。

2. 数字化类型包括岩心图像扫描、标本照相和光（薄）片显微照相。

3. 数字化方式特指岩心扫描方式，包括白光平动扫描、白光滚动扫描、荧光平动扫描和荧光滚动扫描。

5. 编写工作小结及图像备份

每档标本照相结束后，需将标本拍摄数量、照片数量、照片内存等信息填写到标本整理工作小结中，对标本照相情况进行说明（表8.2）。

完成一档标本照相工作之后，要进行数据备份。备份方式包括光盘刻录和硬盘备份两种。一般情况下硬盘备份 2 份，光盘刻录 1 份，并且将数据移交档案室归档。

表8.2　标本整理工作小结样式

标本整理工作小结			
档号		案卷题名	
整理人		整理时间	
1.1　标本整理结果			
标本数量	块	数字化标本数量	块
标本照片数量	张	照片内存	
占用标本箱数		占用托盘数	
其他情况			
1.2　存在问题			
标本核对情况			
标本目录内容齐全情况			
标本数字化情况			
其他情况			
1.3　整改说明			

四、光（薄）片显微照相

（一）工作流程

光（薄）片显微照相工作流程如图 8.61 所示。

图 8.61　光（薄）片显微照相流程图

（二）工作方法

1. 工作准备

（1）相关资料的准备

根据光（薄）片的种类、数量等情况合理安排显微照相工作计划，一般以档或图幅为单位进行显微照相，一档或一个图幅为一个照相批次。在开始显微照相前，要将照相过程中需要的材料准备齐全，一般需要准备的资料包括：光（薄）片目录表和岩矿鉴定报告。

（2）实物资料的准备

光（薄）片显微照相前必须清点核对，确认无误后方可开始。

将光片在擦拭板上擦拭，除去磨光面上的灰尘、油污及在空气中生成的氧化膜，使光片表面洁净、光滑。将薄片用软布擦拭，去除盖玻片上的指纹印、灰尘等，使薄片表面干净。

（3）工作环境及设备状况检查

光（薄）片显微照相前应仔细检查工作环境，保证工作室内温湿度适宜、光线柔和，显微镜安放在坚固平坦的工作台上，不能受阳光直射。保持工作台清洁整齐，不放与工作无关的其他物品。检查显微镜、计算机系统、照相机设备等工作状况（图8.62）。

图8.62　透反射偏光显微镜示意图

2. 信息采集

1）打开显微镜电源开关，用光强调节旋钮调节亮度，直到获取所需亮度。将光（薄）片放在载物台上，转动物镜转换器，使10×物镜置于光路中。

2）将右目镜视度调到"0"位，用右眼通过右目镜观察，转动粗准焦螺旋，使光（薄）片处于聚焦位置，使用细准焦螺旋进行微调，使图像清晰。用左眼通过左目镜观察，转动屈光度调节环使左目镜图像清晰。此时两目镜成像清晰一致。

3）按照从整体到局部的顺序，显微镜物镜从低倍镜大视域到高倍镜清晰点，由面到点逐步深入采集。在低倍镜大视域情况下，采集显微镜下具有岩（矿）石典型鉴定特点、结构构造、矿物含量全貌的单偏光图像和正交偏光图像。高倍镜下则采集具体矿物、古生物、微构造等特征（图8.63）。根据矿物自身特点、古生物等特色，可视情况选择单偏光或正交偏光。单偏光下观察矿物突起、晶形、颜色、多色性、吸收性及解理等；正交偏光下主要观察矿物的最高干涉色、消光类型、消光角、岩性符号、双晶等；锥光镜下主要确定非均质体矿物的轴性、光性、光轴角、光轴色散等。光片主要观察金属矿物的反射率、反射色、矿物的双反射和反射多色性、矿物的均质性和非均质性等特征。

4）每个光（薄）片按照视域大小及偏光等的不同，最少形成6张图片。常见矿物如石英、长石高倍镜下必须有正交偏光图像采集；黑云母、角闪石等具有多色性的矿物，必

图 8.63　薄片信息采集示意图

须有单偏光采集图像；副矿物小颗粒则要求最低 10×物镜下清晰采集图像；金属矿物主要在反射光下对典型的矿物成分及嵌布、矿石组构、矿物形成次序等特征部位进行拍摄（图 8.64）。每完成一档光（薄）片的图像采集后，需检查所有文件和图像是否完整全面，并填写光（薄）片录入及采集图像明细表（表 8.3）。

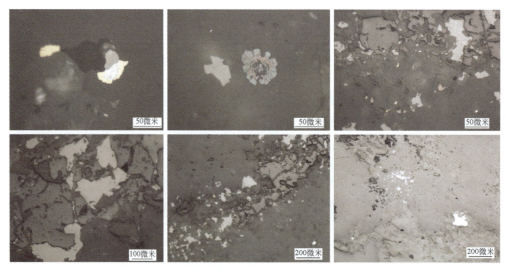

图 8.64　光片图像采集示意图

表 8.3 光（薄）片录入及采集图像明细表样式

光（薄）片录入及采集图像明细表

档号：			案卷题名：	
剖面名称：			图幅名称：	
序号	野外编号	录入报告鉴定名称（.Word）	序号	采集图像号（.JPG）
1			1	
			2	
			3	
			4	
			5	
			6	
			7	
2			1	
			2	
			3	
			4	
			5	
			6	
			7	
			8	

3. 图像保存及处理

（1）图像保存

显微图片采集完成后，以 JPG 格式存入计算机中，一般每档资料需建立一个三级文件夹，一级文件夹名称为档号+案卷题名，二级文件夹包含光（薄）片目录表和图像采集子文件夹，在二级"图像采集"子文件夹内建有若干个三级文件夹，用于存放光（薄）片图像采集文件，三级文件夹名称为光（薄）片野外编号名称（图 8.65）。

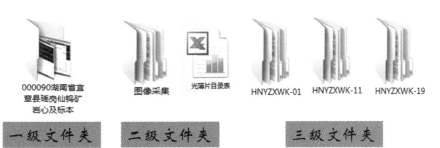

000090湖南省宜章县延岗仙钨矿岩心及标本　图像采集　光薄片目录表　HNYZXWK-01　HNYZXWK-11　HNYZXWK-19

一级文件夹　　二级文件夹　　三级文件夹

图 8.65 光（薄）片图像保存示意图

（2）图像处理

将图片中主要矿物的矿物名称代号编辑在图片中的相应位置（图 8.66）。

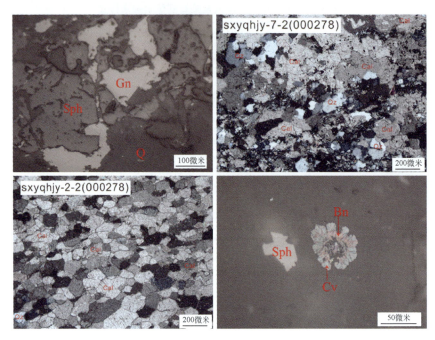

图 8.66 矿物名称代号标定示意图

4. 质量检查

每完成一档光（薄）片显微图像采集后，按照自检（100%）、互检（100%）、抽检（30%）的三级检查方式进行检查。检查内容主要包括：岩石光（薄）片显微图像张数与记录是否一致；每张图片的清晰度是否符合要求；矿物名称代号是否正确；采集图片内容与图像说明的吻合情况，即图片与文字描述的相符性。

5. 数据备份

每完成一档光（薄）片显微照相后要进行数据备份，数据包括采集所形成的原始图像数据、处理后图像数据、《岩矿石光（薄）片鉴定报告》和《光（薄）片目录表》和《光（薄）片录入及采集图像明细表》。备份的方式为硬盘备份和光盘刻录两种，将一档资料的所有数据硬盘备份 2 份，光盘刻录 1 份，并在光盘盒上贴标签，注明文件目录、形成时间等相关信息。

第九章 实物地质资料馆藏设施建设

一、实物地质资料馆舍建筑建设

实物地质资料馆藏机构应以"安全、适用、经济"为原则，以《档案馆建筑设计规范》（JGJ25—2000）中的相关建设要求为依据，建筑独立的、自成体系的独栋实物地质资料馆舍。通常实物地质资料馆舍工程设施包括：存储库房、办公与服务业务用房及其他用房。

（一）存储库房建设要求

存储库房一般包括实物库和纸电资料库，各类库房建筑须满足其职能，保管各类实物地质资料。

1. 库房选址

存储库房选址应远离易燃、易爆场所，不设在有污染腐蚀性气体源的下风向；选择地势较好、场地干燥、排水通畅、空气流通和环境安静的地段；实物地质资料库房要建在交通方便、便于利用的地区。

2. 库房布置

实物库房宜独立建造、自成体系，按照Ⅶ级及以上地震基本烈度设防。充分利用场地，合理布局，库房区内不应设置其他用房，其他用房之间的交通也不得穿越库区，库内道路布置应便于档案实物的运送、装卸，并应符合消防和疏散要求，每个库房应有两个以上的独立出口。

对于非独立库房，实物库房应位于建筑底层，有地下室时设在最下层，没有地下室时设在地面一层。实物库的设计地面载荷应满足需要。

地质勘查单位实物地质资料库房，可简化库房要求，但必须满足实物地质资料保管与服务的基本要求，具体参照《实物地质资料馆藏建设要求》。

3. 库房环境

库房内的保管环境应符合"防盗、防光、防高温、防火、防潮、防尘、防鼠、防虫"八防要求，且通风良好、无腐蚀性气体，库房的温度、湿度根据不同实物的要求设定。

对于特殊实物，如冰心、原油、危害人体健康或污染环境的实物、特别珍贵实物等，库房环境建设应满足其特殊保管需要，冰心、原油设置冷柜保存，危害人体健康或污染环境的实物应单独保管等。

纸电资料库房主要存储与实物相关的纸质资料和电磁介质资料，其建筑应该按照《档案馆建筑设计规范（JHJ25—2002）》和《电子文档归档和管理规范（GB/T18894—2002）》中的要求，严格控制温、湿度等环境指标。

4. 库房检查与维护

实物地质资料馆舍库房应定期检修，更换老化、腐朽零件，检查电线走线是否规范、是否有老化现象，钢制货架是否在其承重范围之内，定期做好库房维护保养工作。

(二) 办公与服务业务用房建设要求

根据工作需要，实物资料馆舍应设置用于实物资料整理、相关纸电资料整理、标本照相、岩心扫描、实物切样、取样等办公用房，使用面积应大于等于 500 平方米；设置用于实物观察、纸电资料阅览及会议报告、接待厅等服务业务用房，使用面积亦应大于等于 500 平方米。

1. 资料整理用房

实物整理室选址应尽量靠近实物库房，实用空间应足够大，便于实物资料的摆放、整理，整理前后实物资料的搬入和搬出，多档实物资料同时整理等。

纸制资料整理室应按照干燥通风、防雷防电防潮的要求建设，并保持适宜的温湿度，电子文件整理室应具备防磁、防尘功能，确保电子资料的完整。

2. 标本照相和岩心扫描用房

标本照相室和岩心扫描室均应注意室内光照问题，宜采用日光灯照明，并保持光线柔和。工作室应与库房相通，便于实物的搬运。

3. 实物取样用房

实物取样室的用房环境主要应防尘降噪，且保持良好通风（图 9.1）。

图 9.1　实物观察取样区（来自塔里木油田岩心取样库房）

4. 服务业务用房

实物地质资料馆藏机构服务业务用房应包含实物观察室、纸制电子资料阅览室、实物展览室和会议报告厅等。此类用房皆应宽敞明亮，干净整洁，光线柔和、稳定，室内设置排水和通风装置。实物观察室应与库房相通，以方便搬运实物资料。

5. 其他用房

实物地质资料馆藏机构用房应设置打印室、复印室等基本用房，还应设置资料查阅室，方便查阅人员查询资料目录，使得借阅更迅捷。

二、实物地质资料馆舍设施与设备建设

实物地质资料各类馆舍建筑应遵循《档案馆建筑设计规范》建设，并按甲级档案馆的建设要求配备各项设施。

（一）基本设施建设

1. 消防设备

实物地质资料馆舍各类建筑内皆应配置火灾自动报警设备和灭火设备等消防设备（图9.2）。岩心和标本库房可配备水喷雾灭火系统或非卤代烷气体灭火系统；光（薄）片和副样库房采用惰性气体灭火系统，不可采用水喷雾灭火系统；部分电磁介质库房还可利用氧气吸收装置，吸走助燃气体，消灭火灾。

图9.2 不同类型的灭火设备

2. 防盗设备

各类实物馆舍建筑均应配备防盗窗、防盗门、警报器等防盗设备，设置电子监控点和视频监控系统，做好监测与防护（图9.3）。

图9.3 部分防盗监控设备

3. 排水、通风、除尘设备

各类实物馆舍建筑皆应配置排水下水管道，保证污水、雨水等正常排泄；设置风机、空气过滤器、除尘器等通风换气设备，确保馆舍建筑内空气流通，避免粉尘过大（图9.4）。

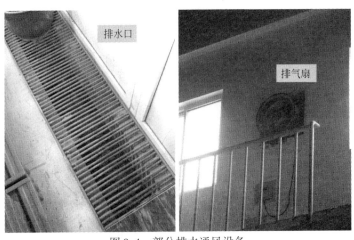

图9.4 部分排水通风设备

4. 安全设备

各类实物馆舍皆应配备各种人身安全保障设备,如安全帽、眼防护具、听力护具、呼吸护具、防护服、防护手套、防尘用具等劳动安全用品,各类用具使用完后应放回原位(图9.5和图9.6)。各种大型仪器设备周围应标有黄色警示线、安全标语等提示,避免工作过程中发生意外。

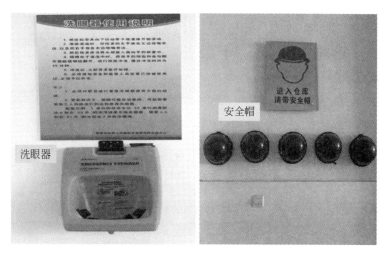

图9.5　部分安全设备

图9.6　安全警示标语

(二) 实物库房设施设备建设

1. 装具设备

不同的资料应配备不同的资料装具。

针对实物地质资料,岩心和标本一般采用统一规格的岩心箱、标本箱,有时为木质岩心箱,整齐排列于托盘内,置于货架存储;薄片和探针片装具为统一规格的薄片盒,光片装具则为定制的百格盒;特殊实物地质资料如原油,则采用广口瓶密封盛装,岩屑则采用棉质岩屑袋封装等(图9.7)。

针对纸电等相关资料,光盘、磁带、录像带等与实物相关的电子文件应严格按照《电子

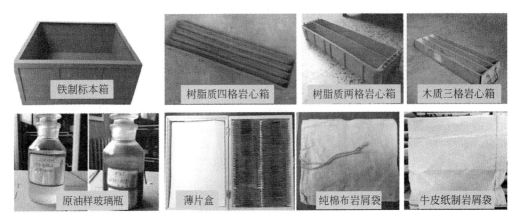

图 9.7　各类实物装具

文件归档与管理规范（GB/T18894—2002）》中的要求，采用光盘柜、光盘盒、磁带盒、录像带盒等磁性载体装具；文本类资料应使用档案架、档案柜、档案盒、资料袋等装具（图9.8）。

图 9.8　电子资料装具

其他实物装具应选择适合实物资料特征和保管条件的、相应规格的装具进行存储。

2. 存储设备

岩心和标本的存储设备一般采用货架，空间净高度在 3 米以上的大型实物地质资料库房，应配备立体仓储设备存放实物地质资料，立体化仓储设备一般包括货架、托盘、堆垛机、轨道车及仓储管理系统（图9.9）；小型实物地质资料库房可采用一般钢制货架，货

图 9.9　立体仓储系统

架应满足承重需要，确保长期稳定；规格较小的标本、光（薄）片和副样可采用货架、密集架或电动密集架存放（图9.10）。特殊存储库房中还见有特殊存储设备，如冷库中用来存放原油的冷柜等。

图9.10　手动密集架

3. 搬运设备

实物库房的搬运设备应轻巧灵活，并能负载重物，如叉车、托盘车、地牛等，以便于搬运标本、岩心等实物资料，部分库房还可采用全自动运移设备（图9.11）。

不同型号的电动叉车　　　　　　　　　　手动液压托盘车

图9.11　部分搬运设备

4. 其他设备

实物库房应配备温湿度检测设备，实时检测室内环境，配备地基监测设备，确保仓储设备周围地基的平衡稳定。需要保管特殊实物地质资料的库房，还应根据实物保管环境需要，配置制冷、温湿度控制、通风、防辐射、高压等设备（图9.12）。

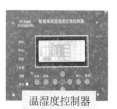

温湿度显示器　　　　　温湿度采集器　　　温湿度控制器

图9.12　温湿度控制设备

（三）办公与服务业务用房设施设备建设

1. 实物整理设备

业务与办公用房应配备开展日常整理工作所需设备，如工作台、蜡封机、计算机、打印机、喷漆枪、切纸机、塑封机、清洁工具等，确保日常工作顺利进行（图 9.13 和图 9.14）。

图 9.13　工作台　　　　　　　　　　图 9.14　打印复印机

2. 取样、制样设备

国家实物地质资料馆藏机构业务与办公用房应配备切片机、岩心钻柱机、岩心剖切机（便携和台式）、碎样机、磨片机等实物取样、制样设备（图 9.15 和图 9.16）。

图 9.15　岩心取样车　　　　　　　　图 9.16　鳄式破碎机

3. 实物观察设备

实物地质资料馆藏机构应配备基本的观察设备，应设有用来观察实物资料的观察台及观察工具，如放大镜、显微镜、罗盘、皮卷尺、钢尺、三角板、计算器、量角器、图版、照明灯具、稀盐酸等，为资料查阅人员提供方便、适宜的观察环境。

4. 检索服务设备

检索服务用房应配备最基本的资料检索系统，方便资料借阅人员快速、准确地查找所需资料。基础设备需要计算机；更高级的设施有掌上电脑、多点触控屏幕、多媒体展厅数字墙、网络在线虚拟现实展示系统等，实现网络在线查询、浏览、下载等，方便获取有用信息（图9.17和图9.18）。

图9.17 检索服务设备

图9.18 虚拟库房展示系统

5. 实物地质资料扫描及数字化设备建设

实物地质资料馆藏机构应基本配备实物表面图像扫描或照相设备，包括岩心表面图像扫描、标本摄像仪和带有照相功能的显微镜等，实现对岩心全方位扫描，为利用者提供数字化成果，延长珍贵岩心的使用寿命（图9.19和图9.20）。

实物地质资料馆藏机构还应配备实物定量、半定量参数扫描数字化设备，包括元素浓度、矿物组成、结构构造、电阻率、磁化率等扫描数字化仪器，专门用来无损化扫描、提取、解译岩心、标本等实物资料内部所蕴含的各种信息。

6. 其他设备

办公与服务业务用房应配备文本文件打印、复印、扫描设备、大幅面扫描仪和大幅面打印机（图9.21），以便于实物资料的利用，制作和复制大幅度的高精度、高分辨率、高

(a)岩心图像高分辨率采集仪　　　　(b)岩心地面伽马测试仪

(c)YXCJ-Ⅶ型岩心图像高分辨率采集仪

图9.19　岩心扫描数字化设备

(a)柔光灯　　　　　　　　　(b)照相机、三脚架

图9.20　标本数字化设备

质量的数字化成果，确保实物资料与相关文本资料实现纸电一一对应，为下一步工作奠定基础。

 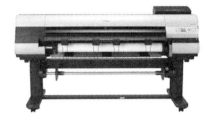

(a)大幅面扫描仪　　　　　　　　(b)大幅面打印机

图 9.21　大型办公服务设备

三、实物地质资料馆舍制度建设

实物地质资料馆藏机构应依据《档案馆建筑设计规范》（JGJ 25—2000）等规范中的相关要求，建立完善馆藏设施建设方面的规章制度，主要包括库房运行制度、各种仪器设备的操作规程、使用仪器过程中的防护措施、各类馆舍用房的使用制度、突发事件的应急处理程序等。

四、实物地质资料库建设相关设备费用

实物地质资料馆舍部分相关设备的种类、型号、价格见表9.1。

表 9.1　库房部分设备类型及其价格表

类别	名称	参考价格
搬运设备	电动叉车	24 万元/台
	地牛	9 万元/台
存储设备	冷库	1.34 万元/平方米
	标本样品库密集架	2500 元/组
基本设备	工作台	8 万元/台
	A3 激光打印机	0.6 万元/台
	塑封机	0.1 万元/台
	条形码打印机	0.5 万元/台
	碎纸、光盘机	0.15 万元/台
	档案级光盘刻录机	0.5 万元/台
	裁纸机	0.1 万元/台
通风、除尘、温湿度检测设备	工业吸尘器	1.5 万元/台
	电风扇	0.15 万元/台
	档案室恒温恒湿设备	20 万元/台

第十章 实物地质资料信息化建设

一、信息化指导思想、发展战略和业务定位

1. 信息化指导思想

以《国务院关于积极推进"互联网+"行动的指导意见》国发〔2015〕40号文和《国务院关于印发促进大数据发展行动纲要的通知》国发〔2015〕50号文为国家级信息化政策指导文件，以《关于进一步加强信息化工作统筹的若干意见》国土资发〔2015〕16号文为国土资源部信息化指导文件，以实现国家馆资源数字化、服务网络化、管理信息化为目标，以大数据、云计算、移动互联网等前沿信息技术为攻克实物地质资料多元异构数据为手段，以信息化引领业务发展为工作定位，形成网络安全、应用系统和门户网站三个方向的人才团队，为全国实物地质资料汇聚与服务提供强有力的信息技术支撑。

2. 信息化发展战略

利用前沿信息技术，与科研单位、高校、外协单位等合作共同开展实物地质资料信息的多节点数据同步共享技术，建立全国实物地质资料集群服务系统，创新实物地质资料共享服务机制，与原始、成果地质资料对接，建立全国统一的实物地质资料共享体系。同时，积极融入国际大陆科学钻探计划（ICDP）平台并利用其展示我国岩心等实物地质资料信息，向全球提供实物地质资料信息服务，努力申请成立联合国教育、科学及文化组织（UNESCO）国际岩心信息共享中心。

3. 信息化建设业务定位

信息化建设定位层面：以信息化手段引领业务发展，以指导和统筹全国实物资料管理与服务工作为驱动，以数据资源汇聚与发布为抓手，以建成国家级实物地质资料数据中心为导向，紧密与实物地质资料业务工作重点和发展方向结合，实现与省级保管单位资源共享和数据互通，指导和统筹全国实物地质资料管理与服务工作快速发展。最终实现业务和信息化深度融合，整体能力提升。

信息化建设认识层面：加强信息化基础设施建设，提供高速、安全和稳定的网络系统服务，满足数据多级、海量和异地备份需求，提高应用支撑、安全保障和运维管理能力；扩大实物地质资料信息数字化内容，丰富数据提取手段，实现多元信息提取、解译分析和深度挖掘全覆盖，制定数字化标准规范及技术指南，建设国家数字化实物地质资料馆；以虚拟岩心数据库服务系统为信息服务主要内容，以钻孔数据库和样品分析数据库为特色，汇聚全国实物地质资料数据资源到中国实物地质资料信息网统一发布；建设国家实物地质资料数据中心，满足数据汇聚、存储、处理、计算业务需求，提供国家、省、行业甚至地

勘单位数据资源，纳入"国土云、地质云"提供实物地质资料专业服务；以馆藏数据资源管理、业务管理借阅系统和全国集群服务系统三大模块组成的实物地质资料业务全流程数据中心技术平台，支撑收管用全流程信息化、服务网络化。

信息化建设标准规范层面：实物地质资料中心作为国家级实物地质资料管理服务机构，为省级实物地质资料馆提供技术指导服务工作是国家馆职能之一。国家馆实物地质资料信息化工作经过"十二五"的探索、改进和完善已形成了成熟可推广的工作方法，信息化技术规范与业务工作紧密结合，从实物资料的数据管理、流程管理和应用服务等多个方面指导省级实物地质资料馆开展实物资料信息化工作，全面提升全国实物资料管理服务水平和社会共享服务能力。

二、全国实物地质资料数据中心建设思路

信息化围绕业务工作功能定位可简要总结为三个步骤：首先是实现实物地质资料数据资源汇聚，即数据的输入；然后是以信息化技术手段高效存储、计算、加工，达到资源按需有序排列；最后是资源输出与发布，按服务对象需求对外提供服务。

信息中心建设围绕统一数据中心资源汇聚和数据输出，统一门户入口访问和产品发布，统一标准接口应用服务实现系统互联和资源共享，形成"1+1+N"服务架构，以实现国家级实物地质资料馆藏机构资源数字化、服务网络化和管理信息化为目标。

1. 资源数字化服务

根据实物地质资料分级分类、分散保管和集中服务工作的特点，构建物理分散、逻辑统一的共享信息化服务架构，建成国家级实物地质资料数据中心，形成一个中心加多个出入口服务模式，攻克多元异构数据一体化管理关键技术，支撑全国实物地质资料数字化资源汇聚、加工与发布，达到业务数据本地多级备份和重要异地备份安全管理要求，完成全国实物地质资料管理与服务工作资源数字化服务目标。

2. 服务网络化应用

根据实物地质资料"收、管、用"业务工作需求，以业务管理系统为数据管理主线，以电子阅览室为实体服务窗口，以集群服务系统汇聚全国实物资料数据资源，以门户网站为网上发布平台，开发各类模块化系统组成的灵活业务管理服务平台发布全国实物地质资料数据资源，通过统一认证和统一接口整合各类应用服务系统，完成国家馆科研和科普工作服务网络化目标。

3. 管理信息化保障

根据国家馆支撑部、局开展全国实物地质资料管理与服务工作职能定位，以实物资料信息化标准规范为示范指导全国业务管理信息化；以地质资料汇交监管平台为抓手，与全国地质资料馆紧密合作，成果、原始和实物资料建立关联索引，实现全国成果、原始和实物地质资料一体化服务；根据国家馆内部业务工作和行政管理需求，保障网络安全稳定运行运转，提升网络基础设施保障能力，为人财物行政审批、项目管理和财务预算执行提供强有力支撑（图10.1）。

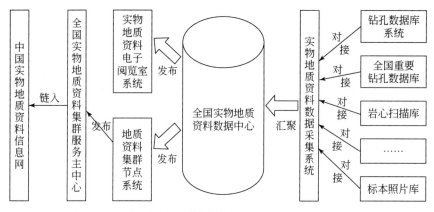

图 10.1 全国实物地质资料数据中心资源汇聚与发布图

三、信息化服务对象和内容

国土资源实物地质资料中心为中国地质调查局直属公益性事业单位，是国家实物地质资料馆藏机构，承担着国家重要实物地质资料的采集、管理、开发研究和利用，为政府主管部门提供决策与业务技术支撑，向社会提供公益性服务。以上职责和定位确定了服务对象为国土资源部、中国地质调查局、省级馆藏机构、科研单位、专家学者、地勘单位、高等院校和科普公众等。

信息化服务方面为政府主管部门提供全国实物地质资料数据资源信息、海平面观测数据等，支撑国土资源主管部门制定管理与决策文件；为省级馆藏机构提供实物地质资料信息化标准规范、示范应用系统、虚拟应用主机和业务技术指导服务；为科研单位、高校院校和地勘单位提供基础数据服务，根据需求提供数据加工、集成和挖掘服务；为科普公众提供三维实物资料数字展厅、三维立体影院、大标本漫游系统等信息化科普服务产品。

四、信息化建设内容

1. 标准规范层建设先行，提供技术示范指导服务

实物地质资料管理与服务工作由于各省市保管基础设施不同，工作开展程度不一等原因，国家馆制定了《实物地质资料建档、整理与数字化工作指南（试用稿）》指导馆藏机构及保管单位开展相关工作。信息化标准、规范务必及时跟进，以国家馆发布工作指南为蓝本，联合相关单位及部门牵头制定一系列实物资料信息化标准规范为省馆和基层保管单位服务，引导和示范开展实物地质资料信息化管理与服务工作，发挥国家馆的引领示范作用。

经过"十二五"的探索、改进和完善已形成了成熟可推广的工作方法，将信息化技术规范与业务工作紧密结合，从实物资料的数据管理、流程管理和应用服务等多个方面开展工作，全面提升管理与服务能力。提供全国实物地质资料数据集群交换标准、实物地质资

料数据字典项、应用服务开发接口（API）、钻孔数据库建设规范、业务流程管理和电子阅览室数据集成等规范。

2. 基础设施资源层建设分目标、分重点、分阶段逐步建成满足国家级实物地质资料数据汇聚、存储、处理服务技术环境需要

1）谋划业务和管理数据中心机房使用定位。

业务数据中心机房定位支撑业务和管理工作信息化，为国家实物地质资料数据中心物理硬件环境的基础，以防火玻璃隔断为涉密内网区域和服务外网区域，按照国家和行业标准分阶段建设，为科研业务数据生产、加工和服务提供支撑。以管理数据中心机房为支撑行政管理信息化物理硬件环境的基础，满足公文流转、行政审批、信息发布、短信通知等办公自动化系统高效运转。两个网络机房通过多芯万兆光纤互联，支撑数据备份、系统应急切换等容灾需求。

2）分阶段合理规划基础设施建设重点，达到投入与产出比最优。

2015～2016年分为机房基础设施装修、网络硬件设备集成、软件系统迁移部署三个阶段重点完成数据中心交付使用。同时兼顾数字三维实物资料展示影院建设和全国馆藏机构视频会商系统谋划，完成多媒体技术实践应用到全国实物地质资料管理与服务工作中；2017～2018年建设重点为高性能服务器集群计算、高密度服务器存储集群、高性能存储系统容灾多级存储备份三个方面，统筹考虑网络安全运维、规章制度建设和人才梯队培养，建成科学规范化管理运行机制；2019～2020年建设重点根据信息化发展趋势和业务工作重点，不断调优并完善网络基础设施，及时升级换代网络硬件设备，满足新技术、新应用和新产品运行环境需求。

3）分任务完成国家馆信息化网络建设目标，按照业务和管理信息化需求落实到年度重点任务。

以业务物理隔离局域网支撑涉密信息环境需求，以政务办公内网满足国家馆信息化管理需求，以信息服务外网满足资源发布和对外服务需求，以无线热点服务网满足智能移动终端和无线信号覆盖需求，以高速存储服务网满足虚拟化管理服务平台和存储资源池需求，通过五套网络建设任务完成达到国家馆网络全覆盖目标。

3. 数据资源层建设以钻孔数据库为特色，馆藏数据为精品，加强数据一体化管理与安全备份工作

以数字虚拟岩心库为信息服务主要内容，以钻孔数据库和样品分析数据库为特色，汇聚全国实物地质资料数据资源到中国实物地质资料信息网门户统一发布。密切跟踪实物地质资料无损分析业务进展，重点关注岩心多元信息提取技术，如岩心表面图像扫描、标本高清照相、薄片显微照相、XRF元素浓度扫描、高光谱矿物分析、CT扫描、磁化率扫描、伽马密度扫描等各种定量、半定量数据信息采集工作。以上数据文件格式多样，大小不一，描述性结构化数据较少，非结构化图标数据居多，单纯以传统关系型数据库管理无法实现有效管理，需使用大数据等前沿技术对数据进行整合提供社会公众服务。多元异构实物资料数据一体化管理初步设想使用非关系型大数据处理技术有效管理多元异构非结构化数据；建立元数据、数据字典管理结构化数据。

编写电子数据备份周期、备份介质、数据校验等系列安全管理操作规程。继续加强与

甘肃国土资源厅电子数据异地备份合作，按照国土资源实物地质资料中心电子数据异地备份协议书内容，执行《国土资源实物地质资料中心电子数据异地备份库管理办法》相关条款，实现重要电子数据光盘、硬盘和磁带多级备份。

4. 研建全国统一管理与服务平台，汇聚和发布全国实物地质资料数据资源信息

全国实物地质资料业务管理与数据服务应用分为实物地质资料数据库建设和全国实物地质资料集群服务应用系统研发两部分：以实物地质资料数据库支撑实物基础信息、数字化图件、相关描述信息等数据综合集成，以全国实物地质资料集群服务应用系统为对外发布窗口。

实物地质资料数据库建设总体工作内容：数据库内容以全国实物地质资料为基础，涵盖实物资料从汇交采集、入库整理、数字化建档到服务利用各阶段产生数据，包括岩心图像及属性信息、标本图像及描述数据、光（薄）片图像及鉴定数据、副样及样品化学分析结果数据。同时与全国重要地质钻孔数据库"三图一表"数据、全国地质资料馆成果、原始资料数据建立关联索引。

全国实物地质资料业务管理与数据服务应用发布全国实物资料基础信息及馆藏数据资源，让地质工作者、社会公众从查询到实物资料有什么、在哪里、相关数据等信息。发布馆藏数字化资源信息，汇聚、整理全国实物地质资料信息。国家馆藏机构与省级馆藏机构实现新闻动态共享，数据资源互通，实物与原始、成果地质资料对接，形成物理分散保管，逻辑集中共享服务架构。

5. 加强门户网站建设工作，支撑科研业务与行政管理

以业务、政务、办公三个门户网站建设与运维为管理信息化提供有力新闻政策宣传与服务产品发布信息技术支撑。中国实物地质资料信息网定位全国实物地质资料专业权威的行业领导网站，汇聚全国实物地质资料管理服务新闻动态，发布馆藏专题服务产品；国土资源实物地质资料中心政务门户网站定位政务新闻宣传网站，与地质调查局网站集群互通，全面展示中心行政管理工作；内网办公信息发布门户定位服务目标为实现中心无纸化办公，提高办公效率。

门户网站作为国家馆网上虚拟全国实物地质资料馆，是服务专题产品发布的重要手段之一。网站建设根据实物地质资料行业特色和科研业务需求开发系列专题服务栏目，实物地质资料管理与服务动态新闻来源为集群服务系统节点新闻报送，自动获取国土资源部、中国地质调查局、地质行业网站，以及国土资源主管部门及地质资料馆网站新闻动态。网站运维围绕微博、微信等新媒体服务需求，建立移动门户网站、开发智能终端 APP 支撑服务专题发布。

国家馆信息化技术支撑涵盖科研业务支撑和内部管理支撑两部分。科研业务支撑为国家馆承担所有项目信息系统及数据库开发、数据安全备份管理，为实物资料汇交、整理及服务利用各阶段提供信息技术支撑。电子阅览室提供涉密数据浏览定制服务，与实物资料内部"收、管、用"业务管理系统全面对接，项目管理系统支撑科研项目管理，初步实现业务管理全流程信息化。随着管理与服务的需要扩充新功能，根据管理工作需求完善流程。

五、信息化建设实施部署

总体部署：实现国家馆实物地质资料数据进行有效管理，为实物资料信息发布和产品制作提供数据支撑；建立统一的实物资料管理服务平台，实现实物资料"收、管、用"全周期监管；建立统一的门户服务平台，并全面完成全国实物地质资料集群服务系统；建立国家实物地质资料数据中心，完成"地质云"实物节点实物资料汇聚与服务。2016～2020年工作任务分别如下。

1. 2016 年工作部署

1）对国家馆基础网络设施维护，保障网络系统、安全系统和各应用服务系统安全稳定运行；

2）在实物资料业务管理系统的基础上，开发实物资料数据管理系统，实现对实物资料"收、管、用"数据的一体化管理；

3）继续执行国家馆电子数据管理办法，保障国家馆电子数据安全；

4）将办公服务系统整合到信息网应用服务系统中，减少信息发布管理成本，提高工作效率；

5）在中国实物地质资料信息网站上开发用户注册功能、建立油气服务专题和服务APP，拓宽实物资料服务渠道，向实物资料服务主动迈进；

6）发布实物资料服务信息，包括岩心扫描数据、标本照相数据、薄片显微照相数据和相关资料数据，发布实物资料服务产品，继续向社会提供实物资料网络化服务；

7）全面推进实物资料集群服务系统建设，完善系统功能和数据管理模块，在全国大部分省市部署实物地质资料集群服务系统，为全国实物地质资料服务提供统一的服务平台；

8）编写《实物地质资料业务管理与服务借阅系统建设规范》，指导省级馆及委托保管单位开展实物信息化管理与服务工作。

2. 2017～2018 年工作内容

1）完成实物地质资料数据库总体设计，研究目录数据、数字化数据、钻孔图表和属性数据、样品化学分析数据综合建库技术与方法，和全国地质资料馆、中国地质图书馆应用服务系统积极对接，试验成果、原始、实物和地学文献综合服务。

2）完成实物地质资料业务"收、管、用"信息化管理规范工作，并和试点省开展合作，将示范标准类应用服务推广到省级馆使用。

3）攻克光谱扫描、显微照相、CT扫描、三维激光扫描等多元异构数据一体化管理关键性难题。

4）在门户网站发布数据服务专题，开发数据服务应用类APP，丰富信息化服务手段。

5）数据中心云计算架构从基础设施即服务转向平台即服务，为基础应用开发、测试部署提供基础平台支撑。

6）内部管理信息化流程和应用进一步优化，提高新闻消息及公文办理时效性，支撑国家馆机构管理运转。

3. 2019～2020 年工作部署

1）完成全国实物地质资料管理服务平台建设，实现以目录服务为基础，以数据服务为特色，不断调优并优化系统，以满足资料快速查找定位、数据服务定制、服务利用在线申请等需求。

2）在已开展实物地质资料管理服务工作的省级馆及委托保管单位全面部署应用，服务系统范围和内容不断扩展丰富，服务规模初具成效。

3）数据标准制定和规程规范根据试点反馈问题逐步完善，积极申请部、局相关标准。

4）多元异构数据初步实现一体化管理，从数据生产、加工到服务利用全过程有效管理，并建立健全相关规章制度，符合数据安全管理规范。

5）门户网站建设随着国家馆工作各阶段新闻宣传、产品发布和重大活动的需求更新改版，从前台栏目结构、界面风格设计到后台功能模块持续改进。

6）国家实物地质资料数据中心建成，支撑资源数字化、服务网络化和管理信息化，与国土云、地质云应用服务对接，形成部、局、中心三级云团架构，为地质调查工作和国民经济发展提供强有力的信息技术支撑。